未来新城

——"产城创"融合发展模式研究

Research on Integrated Development Mode
of "Industry–City–Innovation" in New Cities
in the Future

杨　玥⊙著

中国建筑工业出版社

图书在版编目（CIP）数据

未来新城："产城创"融合发展模式研究 =
Research on Integrated Development Mode of
"Industry–City–Innovation" in New Cities in the
Future / 杨玥著. —北京：中国建筑工业出版社，
2022.12
　　ISBN 978-7-112-28093-3

　　Ⅰ.①未… Ⅱ.①杨… Ⅲ.①科技工业园区—建设—
研究 Ⅳ.①TU984.13

　　中国版本图书馆CIP数据核字（2022）第203734号

　　本书以杭州城西科创大走廊为例，从"产城创"融合角度积极探索面向未来的新城园区发展，这是对城市化进程中由于城市空间盲目快速扩张引发的城市问题的积极回应，也是对创新驱动背景下产城融合理论与实践的延伸和全新解读。本研究及时总结了我国城市化创新发展的智慧和科创园区发展的新鲜经验，引导并探索体现中国特色、面向未来的新城园区规划与实践，对支持国家新型城镇化和创新驱动发展战略具有重要意义。

　　本书可供广大城乡规划师、城市设计师、规划与建设管理者以及高等院校建筑学、城乡规划学、城市设计学等专业师生学习参考。

责任编辑：吴宇江
书籍设计：锋尚设计
责任校对：孙　莹

未来新城——"产城创"融合发展模式研究
Research on Integrated Development Mode of "Industry–City–Innovation"
in New Cities in the Future
杨　玥　著

*

中国建筑工业出版社 出版、发行（北京海淀三里河路9号）
各地新华书店、建筑书店经销
北京锋尚制版有限公司制版
人卫印务（北京）有限公司印刷

*

开本：787毫米×1092毫米　1/16　印张：12½　字数：243千字
2023年9月第一版　　2023年9月第一次印刷
定价：52.00元
ISBN 978-7-112-28093-3
（40084）

前　言

过去40余年间，以办公或产业发展为目的的新城园区建设一直是中国大规模快速城市化进程中的关键部分，正逐步从关注单一短期性经济增长目标的产业集聚地向关注多元长期性综合发展目标的复合功能现代都市区转变。当前，中国经济发展正快速转向创新主导，科技创新已成为驱动社会经济发展的首要动力。转型期的经济带来了产业转型升级和新一轮创新创业发展，也催生了多种形式的新城市空间，并不断对城市提出新城园区的建设需求。以科创产业为主导的园区建设，既作为城市化的主要构成之一，也是创新驱动下未来新城发展的重要空间载体。

杭州城西科创大走廊代表着我国最新科创园区发展的趋势，它是浙江省面向未来新经济的科创策源地和发展主引擎，并经历了政府规划、房地产开发、城中村自发嵌入等不同主体主导下的不同阶段、不同规模、不同层级的发展过程。当前，大走廊汇集了总部办公、科创孵化园、特色小镇、商务写字楼、研发智造园等多种类型的科创园区，以及浙江大学、西湖大学、之江实验室、阿里巴巴达摩院、超重力实验室等一批世界级的创新平台，并依托杭州"互联网+"数字经济优势、社区共生优质资源、西溪国家湿地等复杂卓越的生态条件以及老余杭仓前镇等地方文脉。它是创新要素集聚、多元功能混合、园区社区并存、经济社会文化生态效益共赢的高度融合发展的新城代表，也是研究未来新城"产城创"融合发展的特质性研究范本。

本研究选取杭州城西科创大走廊作为案例，以衡量科创园区发展的"科创企业发展"来反映"产"，以衡量城市用地功能混合的"职住关系"来反映"城"，以衡量创新资源的"高校创新力"来反映"创"。通过分析职住关系、高校创新力与科创企业发展的关联性来研究"产""城""创"的关系，进而从"产城创"融合角度展开对未来新城发展的研究。本研究采用科创企业发展数据、基于位置服务的职住大数据、高校创新资源数据、地理空间数据等多元数据，运用统计学回归分析、地理空间数据分析、案例研究等定性定量结合的方法展开。首先，对大走廊"产城创"融合发展阶段和空间特征展开研究。从发展阶段演绎、空间分布分析、发展特征归纳三方面以及时间和空间两个维度去分析总结大走廊"产城创"融合发展特征，进而对大走廊"产城创"融合发展的关联性展开定量研究。从科创企业聚集程度、发展规模、创新能力、经营状况、综合实力五方面选择衡量科创企业发展的指标作为因变量；分别从职住平衡指数和通勤距离两方面选择衡量职住关系的指标，以及从师资队伍、人才培养、科研实力、学术影响、产学合作五方面选择衡量高校创新力的指标，作为两组自变量；运用偏最小二乘回归方法研究职住关系、高校创新力与科创企业发展的关联性。最后，对大走廊"阿里系"园区"产城创"融合发展展开案例研究。选择大走廊科创园区中极具代表性的"阿里系"园区案例——阿里巴巴西溪园区和梦想小镇，从园区科创企业发展、园区职住关系，以及园区与高校创新力融合发展等方面进行深入案例剖析，进一步对定量研究结果进行印证。

研究发现，"产城创"融合为未来科创园区提供了极具活力的发展模式，并有利于激发科创园区活力，实现新城综合发展。"产""城""创"之间存在着关联性，职住平衡和高校创新资源的溢出有利于促进科创园区企业发展。

本书以杭州城西科创大走廊为例，从"产城创"融合角度积极探索面向未来的新城园区发展模式，这是对城市化进程中由于城市空间盲目快速扩张引发的城市问题的积极回应，也是对创新驱动背景下产城融合理论与实践的延伸和全新解读。本研究及时总结了我国城市化创新发展的智慧和科创园区发展的新鲜经验，引导并探索体现中国特色、面向未来的新城园区规划与实践，对支持国家新型城镇化和创新驱动发展战略具有重要意义。

本书的出版得到国家自然科学基金面上项目（51778599）、安徽省高校自然科学研究项目（KJ2021A0615，重点项目）、安徽省住房城乡建设科学技术计划项目（2022-YF076）、安徽建筑大学引进人才（博士）科研启动项目（2022QDZ14）、高峰学科科研专项项目（2021-117，重点项目）、中国建筑西南设计研究院科研课题（R-2022-48-PL-D-2022）的支持。本研究得到导师——浙江大学吴越教授的悉心指导及课题组同仁们的帮助。本书的出版得到安徽建筑大学吴运法教授的指导以及建筑与规划学院领导、专家和同事的大力支持，中国建筑工业出版社的编辑也给予了通力合作，在此一并感谢！

未来新城的发展研究是一项综合性较强且处于动态变化中的新课题，研究案例——杭州城西科创大走廊正处于高速发展期，其发展经验也在不断完善。作者将持续关注新城园区的发展动态，从最新的实践案例中继续总结和提炼新鲜经验，并丰富新城"产城创"融合发展的相关理论。本书难免存在不足之处，敬请读者朋友批评指正。

第1章 绪论

第2章 文献综述与研究框架构建

第3章　大走廊"产城创"融合发展阶段与空间特征研究

第4章　大走廊"产城创"融合发展关联性量化研究

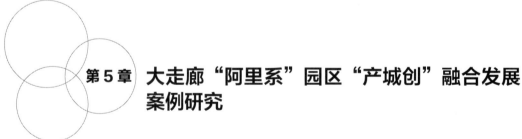

第5章　大走廊"阿里系"园区"产城创"融合发展案例研究

第6章　总结与展望

第 1 章

绪论

本章作为全书的开篇，在对研究背景论述基础上提出
研究问题，阐述了研究目的与意义、相关概念界定以
及研究内容、对象和方法，并制定了技术路线。首
先，从创新驱动发展的时代背景、城市化进程中的产
业园区发展、创新驱动下的新城园区建设、杭州在创
新经济和长三角一体化中的地位以及城西科创大走廊
发展现状阐述了研究背景。其次，提出了研究的核心
科学问题、研究目的以及对于城市化发展、新城产业
园区规划、创新发展和长三角一体化的理论与现实意
义。进而界定了相关概念，明确了研究内容、对象和
方法，制定了研究路线和章节安排。

1.1 研究背景

1.1.1 科技创新成为驱动发展、提升核心竞争力的关键

21世纪以来，全球化和世界经济一体化进程日益加剧，国家和区域之间的核心竞争力越来越体现在自主创新和科技实力的竞争上（Liu et al.，2019）。科技创新正在重塑世界竞争格局、改变国家力量对比，并成为各个国家和地区之间核心的竞争优势（樊春良，2019）。美国2009年颁布《美国创新战略》，2016年实施人工智能国家战略计划；欧盟2010年推出《欧盟2020战略》；德国自2006年起制定了4期高技术战略；英国2013年提出工业2050战略；日本2016年发布《第五期科学技术基本计划》；俄罗斯、印度等新兴经济体也开始推进向创新驱动型经济的转型。由此可见，在全球化浪潮席卷下，世界各国愈加重视区域科技创新能力的提升。

我国当前正处于发展转型的关键时期，创新已成为引领发展的首要动力。党的十八大提出"实施创新驱动发展战略"，指出科技创新是提高生产力和国家综合实力的战略支撑；党的十九大再次明确了科技创新在国家发展全局中的核心位置，强调创新是支撑现代化经济体系建设的关键力量。2020年，世界知识产权组织（WIPO）评估显示，我国创新指数位居世界第14位，标志着我国正式跻身"创新型国家"行列。"十四五"规划再次提出坚持创新在国家发展中的核心战略地位。科技创新对发展的重要性已经被充分认知，成为新常态下我国经济和社会转型发展的关键推动力，各项战略与规划也对我国未来创新发展提出了更高要求。

1.1.2 快速城市化进程中作为城市经济增长极的产业园区发展面临转型

城市化是全球社会经济发展的必然趋势，以经济或产业发展为目的的园区建设是我国城市化进程中的重要组成部分（Kosovac et al.，2020）。自改革开放以来，中国经历了大规模、快速的城市化进程（Gu et al.，2017），城市化率从1978年的17.92%上升到2021年的63.89%，增加了3.5倍。尤其是近30年来，新

增城镇人口约5.5亿人，新增城镇建成区面积是原城区的4倍多（中华人民共和国住房和城乡建设部，2018）。换言之，当今中国80%以上的城市面积都是过去30余年所建。其中，以办公或产业发展为目的的各种形式的产业园区建设是重要的构成部分。自1979年设立深圳蛇口工业区开始，我国各地为推进工业化进程大量兴办产业园区。产业园区不仅是城市强劲的经济增长极和创新发展的核心先行区域，也是集聚人才资本、支持科技创新、促进产业升级、带动区域经济发展的城市化空间载体（Li et al.，2018）。产业园区的发展与城市化进程同步，从早期的工业园、工业区、开发区，到产业新区、产业新城，经历了丰富的形式和漫长的过程，对城市空间结构产生了深刻的影响（Lecluyse et al.，2019）。因此，在城市化进程中必须重视产业园区的发展。

然而，过去中国长期粗放型的城市化进程，尤其是其中的园区开发，在为经济发展提供空间载体并取得成就的同时，也导致了一系列"城市病"。产业园区的发展初衷是单纯发展产业，在建设过程中忽视了城市社会功能建设和人的需求，造成产业化与城市化发展并不同步，导致了"工业孤岛"现象层出不穷，陷入了"卧城""空城"以及潮汐交通的困境。由于城市空间的盲目扩张和郊区化日益加剧，传统工业园区正从老城的功能核心区向新城的功能扩展区转移，新建的产业园区也通常布局于城市新区，这导致了原本的城市空间关系发生变化。以往传统的产业园区建设，仅将其视为工业生产的功能场所，没有以"城"的态度来对待，忽视了园区在城市发展中所扮演的重要角色（Wu et al.，2020）。新城功能布局单一、相关配套服务缺失、产城分离加剧、土地资源低效浪费、城市整体交通运行效率低下、道路拥堵严重，以及片面追求经济增长造成的城市景观和生态破坏等问题凸显，严重制约了城市和区域的可持续发展（Qiu et al.，2020）。面对快速发展的产业经济和滞后发展的城市建设所引发的产城分离矛盾以及当前诸多城市发展中遇到的问题，我们意识到原先以牺牲环境和资源为代价的粗放型城市化扩张模式必须转变（Zhao et al.，2016）。

1.1.3　科创园区已成为创新驱动背景下城市化的重要空间载体

"互联网+"时代全球科技创新活动空前活跃，新一轮科技和产业革命正在重塑全球创新版图，一大批信息技术和传统产业深度融合的新兴科创产业成为推动社会经济发展的重要引擎（Yigitcanlar et al.，2020）。科创园区以科技创新产业为主导，是培育科技创新产业和成果的主要平台，也是创新驱动发展背景下城市化的重要空间载体（王进 等，2020），其发展是未来城市发展研究中必须关注的问题。随着国民经济发展向创新引领转变，我国未来城市化进程中的产业园区发展逐步迈入4.0产业综合体新阶段,具备高势能优势的科创园区成为产业园区的核心模式。一方面,以工业生产和传统制造业为主导的产业园区逐渐向智能装备制造转型,同时大批以科创产业为主导的园区兴起,园区的产业定位、区位选择、功能需求和空间组织等都发生了明显变化;另一方面,城市规模不断扩张和新城功能单一布局所导致的产城分离问题日益显著。这些都对新城园区发展提出新要求。

我国在转型背景下提出"产城融合"战略(贺传皎 等,2017),作为一种城市发展新思路,在疏解中心城市人口分布、缓解交通拥堵、合理配置资源等方面发挥了巨大作用,是实现新型城镇化的重要途径(张倩 等,2016)。然而,面对产业和城市创新发展的新格局,我们有必要研究创新驱动背景下体现中国特色、面向未来的产业园区创新发展的课题,将创新要素融入产城融合的城市发展中,探索"产城创"融合发展的新思路和新经验。

1.1.4 "互联网+"数字经济发达的杭州在长三角的重要战略地位

杭州是国家自主创新示范区,集聚了大量高端创新资源,数字经济和"互联网+"新兴产业集群尤为突出(张耕,2015)。自长三角区域一体化发展上升为国家战略以来,杭州作为长三角中心城市和浙江省省会城市迎来了打造长三角金南翼强劲增长极、全面提升综合能级和核心竞争力、实现区域跨越式发展的新机遇。凭借其作为创新型城市的政策及资源优势,以及以阿里巴巴、中电海康等为代表的"互联网+"、人工智能等领域的高科技企业快速汇聚成长,杭州逐渐升级成为具有全局辐射力的创新经济增长极,并在数字经济发展上一直走在全国前列。2018年《长三角地区数字经济与人才发展研究报告》显示,杭州对长三角地区数字人才的吸引力最高;2019年杭州的数字经济发展指数位居全国第一,综合数字经济发展水平排名全国前五(中国城市科学研究会智慧城市联合实验室,2019)。2020年,浙江省提出"打造高水平创新型省份"部署,助力杭州创新能级再次跃升(李燕青,2018)。从"电商之都"到"移动支付之都",再到"城市大脑"和"首批5G试点城市",杭州引领了长三角地区乃至全国的数字经济发展大潮(黄宝连,2019),打造具有全球影响力的"互联网+"创新创业中心。

杭州发达的"互联网+"数字经济离不开高校创新资源的影响和支撑。过去杭州的城市发展一直存在着优质高教资源不足的短板,与北京、上海等一线城市,甚至南京、西安等城市相比有较大差距。为了弥补这一块短板,2017年年底杭州市委、市政府印发《关于"名校名院名所"建设的若干意见》,启动实施"名校名院名所"建设工程，大力发展高等教育。除了支持本地高校发展外，还引进建设一批国内外有重要影响力的高水平大学和科研院所，如西湖大学、北京大学信息技术高等研究院、中法航空大学、中国科学院大学杭州高等研究院、新西兰奥克兰大学中国创新研究院等。高校数量的大幅增长带动了人才资源聚集，也为杭州的数字经济发展提供了科研技术力量的支持。根据杭州市人才服务局公布的《2018年杭州市接收高校毕业生就业情况报告》显示：杭州对高校毕业生接收量排名靠前的专业主要有信息与通信工程、计算机科学与技术、软件工程等，用人单位集中在信息经济、智能制造、服务型科技产业，与数字经济发展关系密切。2018年，杭州接收的在杭高校毕业生人数为39327人，占接收总量的48.29%。在杭高校中，接收毕业于浙江大学、杭州电子科技大学、浙江工业大学、浙江理工大学、杭州职业技术学院的应届生人数最多，均超1600人。科创企业中，海康威视、阿里巴巴、恒生电子、华为、新华三等企业的接收量最多。高校人才、技术等各类创新资源的溢出促进了阿里巴巴、网易、海康威视等数字经济龙头企业的快速发展，杭州数字经济的发展氛围又进一步增强了杭州对于周边城市以及长三角地区数字人才的吸引力。

在创新经济取得瞩目成就的同时，杭州的城市版图与战略格局也发生了变革。进入"东扩西进"时期，杭州以主城区为中心向东形成大江东智能制造产业集聚区、向西形成城西科创产业集聚区两大战略平台。2016年杭州城市总体规划提出建设城西科创大走廊（下文简称"大走廊"），成为实施创新驱动发展战略和产业转型升级的主平台，引领地区未来科技创新发展。

1.1.5　杭州城西科创大走廊是"产城创"融合发展的新城代表

为深入贯彻实施创新驱动发展战略、补齐科技创新第一短板，2016年《杭州城西科创大走廊规划》发布。大走廊作为浙江省建设创新型省份的重大战略平台和杭州市创新资源的主要集聚地，代表了中国最新的科创产业园区发展趋势，是"产城创"融合发展的科创新城。大走廊依托经济效益、社区共生、地方文脉和生态景观的优质资源，汇集了阿里巴巴总部园区、海创园为代表的孵化园区，梦想小镇为代表的特色小镇等多种类型的产业园区，浙江大学、西湖大学、之江实验室、阿里巴巴达摩院、超重力实验室等世界级科研创新平台，老余杭"仓前镇"等地方文脉，以及西溪国家湿地等复杂卓越的自然地理条件，它们是研究科创产业园区"产城创"融合发展的重要的特质性研究范本（Wu et al.，2020）。大走廊不同于过往经典的高科技园区，依托杭州城西科创产业集聚区的快速建设，已形成了产业园区工作社区融合、创新创业活跃的科创新城（吴越 等，2020）。

1.2 研究问题的提出

　　本研究的核心问题是"面向未来的新城园区在创新驱动和城市化转型新阶段应该如何发展",并以杭州城西科创大走廊为对象,从"产城创"融合角度研究新城园区的未来发展,拟解决过去单一产业功能园区发展中产城分离、城市活力不足、运行效率低、产业缺乏持续竞争力、动力不足等问题。

　　产业园区是我国过去快速大规模城市化建设中的主要构成。过往园区实践在为经济发展提供空间载体并取得巨大成就的同时,由于长期粗放型城市化发展引发的土地资源低效浪费、功能布局单一、产城分离等问题日益凸显。中国当前正面临城市化发展的关键转型阶段,经济发展从要素主导快速转向创新主导,并在"互联网+"新经济中处于全球前沿。转型期的经济在给社会发展带来强劲动力的同时,也不断对城市提出新城园区建设需求。在创新驱动发展背景下,以科创产业为主导的园区作为城市化的主要构成,是未来城市发展的重要载体,并逐渐由"园区"向"城区"转变。因此,在城市化和创新驱动背景下,我们有必要探索面向未来的新城园区发展模式。

　　杭州作为国家自主创新示范区集聚了大量高端创新资源,其"互联网+"新兴产业集群尤为突出。杭州城西科创大走廊作为"互联网+"新经济下科创园区聚集地展现出了不同于过往经典的高科技园区模式,代表了我国最新的园区发展趋势,并已成为具有典型性和代表性的"产城创"融合发展的科创新城,为本研究提供了重要的特质性范本。

　　因此,本研究聚焦"面向未来的新城园区在创新驱动和城市化转型新阶段应该如何发展"这一核心问题,从"产城创"融合角度观察并总结大走廊最新的发展智慧和经验。研究从"产城创"融合发展阶段与空间特征研究、"产城创"融合发展关联性量化研究,以及对"阿里系"园区"产城创"融合发展案例研究三个层面展开,运用科创企业发展数据、基于位置服务的职住大数据、高校创新资源数据、地理空间数据等多元数据,以定性定量结合的方法进行分析。

1.3 研究目的与意义

1.3.1 研究目的

本研究关注未来的科创园区发展模式，以杭州城西科创大走廊为例，旨在研究"产城创"之间的融合关联性，总结代表中国城市化最新发展趋势的科创园区"产城创"融合发展经验，对未来科创园区实践和新城发展提出建议和策略。

（1）及时总结我国最新的科创园区"产城创"融合发展经验，提出策略与建议，为未来城市化进程推进和新城园区规划实践提供支持，为中国科创产业发展及新型城镇化战略布局提供理论支持。

（2）大走廊位于长三角一体化发展的重要增长极——杭州。本研究为杭州及长三角其他地区科创新城的发展提供参考，有利于推动长三角区域协同和一体化向更高质量发展。

1.3.2 研究意义

1. 理论意义

本研究是在创新驱动发展的时代背景下对产业园区发展相关理论的延伸，它丰富了"产城创"融合发展和城市化的理论研究成果，对于支撑国家新型城镇化战略、创新驱动发展战略和长三角一体化发展战略具有一定理论价值。

当前，我国经济总量跃升至新的台阶，"互联网+"新兴产业经济进入世界前列，我们需要且有可能依托这类最前沿的实践，总结提炼关于城市发展的新经验。从这个角度，以杭州城西科创大走廊为代表，对中国最新的城市发展和园区建设进行系统地研究，这将丰富城市化研究的理论成果，对于在理论上支撑国家新型城镇化战略、创新驱动发展战略和长三角一体化战略，讲好"中国新故事"，提升未来城市"产城创"融合发展水平具有重要理论意义。

2. 现实意义

本研究是对当前我国城市化发展中城市空间盲目快速扩张引发的城市问题和社会矛盾的积极回应，并及时总结中国城市化中科创园区的创新发展智慧和新鲜经验，为我国尤其长三角地区面临相似发展背景和机遇的新城规划和产业园区发展提供了参考，也对指导未来新城"产城创"融合发展实践具有现实意义。

（1）中国目前正处于城市化转型的关键阶段，未来还会有持续建设新兴产业园区的需求。本研究积极回应以往城市化粗放发展进程中产城空间分离、城市功能单一、土地资源浪费、运行效率低下等问题，对园区过去的发展历程和实践提出反思，以指导未来产业园区实践，促进今后大规模城市化进程。

（2）杭州城西科创大走廊，代表了中国最新的新建城区和新兴产业园区发展趋势。本书以此为案例，研究新建城区的"产城创"融合发展模式，对于如何引导新的产业园区的设计与实践，规避过往实践已出现的问题，探索体现中国特色、面向未来的新兴经济产业园区发展实践具有现实的指导意义。

（3）大走廊作为长三角地区重要的科创产业发展战略平台，研究其"产城创"融合发展过程可以为长三角地区其他园区的规划发展和区域的协同发展提供借鉴和参考。

1.4 相关概念界定

1.4.1 科创园区

关于"科创园区"，有许多含义类似的术语，如"研究园区""科学园区""技术园区""科技城""高科技工业园区"等。根据国际科技园区协会（IASP）官方定义：科技园区是由专人管理，通过企业、研究所的竞争，以促进创新和经济增长为目的的专业组织。

在本研究中，科创园区指以科创产业为主导的综合性产业集聚园区，具有科创企业、资金、技术、人才等高度集中的特点，是培育科技创新产业和成果的平台，也是创新驱动发展背景下促进区域经济发展、产业升级转型的重要城市空间载体。

伴随着城市化进程，我国产业园区发展逐渐从关注短期经济增长目标的单一功能传统工业园向关注长期综合发展目标的多元功能园区转变，从产业集聚地向承担科技研发、居住教育、购物休闲等复合功能的产业新城转变。尤其在创新引擎驱动下，科创新城是一个包括了科学研究机构、高等院校、高新科技企业，以及为之服务的商业、生活服务设施和市政、交通等基础设施的综合型城区。其作为创新能量聚集地，通过与地方的扶持政策、产业基金结合，打造创新创业价值链，构建科技创新生态圈，为企业成长赋能。

1.4.2　"产城创"融合

"产城创"融合是观察城市发展的一种全新角度,是在创新引领发展时期对产城关系的一种全新的认知角度。"产城创"融合,即在以往的"产""城"二元关系中加入"创新"要素,形成"产""城""创"三元融合的关系(图1-1)。通过"产城创"相互合作与资源优势整合,实现产业发展、城市发展、创新发展,从而进一步推动新城整体更高质量地综合发展。

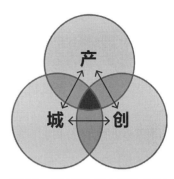

图 1-1　"产城创"融合关系示意图

"产"即产业,是指城市经济及产业布局,也包括了"互联网+""智慧+""数字+"等一批高技术含量、高附加值、资源集约型的新兴科创产业。其研究以"科创企业发展"反映"产"。科创企业是科创产业发展和科技创新的主体,科创企业发展才能实现园区和产业整体的发展。

"城"即城市,是指城市组团结构、功能组织以及相关配套服务设施的供给和布局,它是为实现服务人民生活、创造良好人居环境、资源集约和经济循环发展为目标的物质空间载体。其研究以"职住关系"反映"城",一方面反映了城市空间布局和运行效率,另一方面又反映了城市人居环境和城市主体"人"的行为活动。

"创"即创新,是指知识、技术、人才等创新资源以及各类高校、实验室、科研院所等输出创新资源的平台载体和策源地。其研究以"高校创新力"反映"创"。高校作为各类创新资源要素最主要的策源地,是提升区域创新能力的重要动力源,也是创新系统中的关键要素。

1.4.3　"互联网+"新兴产业

"互联网+"指的是"互联网+各个传统行业",是利用信息通信技术平台,将互联网创新成果深度融入社会经济的各个领域中,形成更广泛的以互联网为基础的创新经济发展形态。

新兴产业,指的是2010年《国务院关于加快培育和发展战略性新兴产业的决定》中提出的节能环保、信息、生物、高端装备制造、新能源、新材料、新能源汽车等战略性新兴产业。

"互联网+"新兴产业是指借助互联网、人工智能、大数据、云计算、物联网等先进信息技术,与传统产业深度融合形成的新兴产业,包括工业互联网、互联网金融、智慧城市等，成为推动未来社会经济发展的重要引擎。基于2016年发布的《杭州城西科创大走廊规划》，本研究中"互联网+"新兴产业主要是指城西科创大走廊"1个引领 + 6个重点培育"产业体系，即打造新一代信息技术产业集群，主攻未来网络、大数据云计算、电子商务、物联网、集成电路、数字安防、软件信息等产业，重点培育人工智能、生命科学、新能源汽车、新材料、科技服务、新金融六大中高端产业，并形成创新链、产业链、资本链融合发展。

1.5 研究对象、内容与方法

1.5.1 研究对象

本研究选择杭州城西科创大走廊作为对象，关注面向未来的新城园区在创新驱动和城市化转型新阶段应该如何发展。大走廊位于浙江省杭州市主城西部，是杭州城西东西向联结主要科创节点的科技创新带、快速交通带、科创产业带、品质生活带和绿色生态带，其发展定位于国际水准的创新共同体、国家级科技创新策源地、浙江创新发展的主引擎。选择大走廊作为研究区域，希望通过对区域内科创园区"产城创"融合发展最新经验的总结，为我国其他地区科创园区发展提供参考和借鉴。

选择大走廊作为研究科创园区"产城创"融合发展案例具有一定的适用性，其原因主要在于大走廊在当前园区实践案例中具有一定的代表性和典型性。此外，大走廊具备丰富的科创园区样本，它展现了相对成熟的"产城创"融合发展趋势。

（1）在当前各地科创园区实践中，大走廊具有代表性和典型性，它代表了中国最新科创园区"产城创"融合发展的趋势，其发展经验对于其他地区的科创园区具有一定的参考价值。

通过对科创园区的由来和发展历程的梳理，国内外科创园区的发展都有着相似的发展趋势，它们伴随着城市化和产业化进程的发展，经历了以传统工业为主导、单纯追求产业经济效益的"产"一元孤立发展阶段，到关注多功能混合的"产城"二元复合发展阶段，再到产业转型升级、创新要素集聚的"产城创"三元关联发展三个阶段，并实现由"园区"向"新城"演变、由"传统产业"向"科创产业"升级的过程。对当前国内最新的科创园区研究与实践案例分析，发现各地园区的案例和规划已对"产城创"融合进行了初步探索，比如武汉光谷科技创新大走廊、深圳南山科技园、长三角科技城等，这与大走廊所展现的园区发展趋势具有共性，但是相关系统研究和最新发展经验的总结却是滞后的。大走廊的开发经历了政府规划、房地产开发、城中村自发嵌入等不同主体主导下的不同阶段、不同规模、不同层级的发展过程，依托经济效益、社区共生、自然景观和地方文脉优质资源，现已形成了相对成熟的创新创业活跃、"产城创"高度融合的发展模式，为本研究提供了优质的案例范本。因此，选择大走廊作为研究区域，在当前园区实践中具有一定代表性和典型性。

（2）大走廊聚集了多种类型科创园区，为研究科创园区的发展提供了丰富的样本量。

大走廊拥有以阿里巴巴西溪园区为代表的总部园区、以梦想小镇为代表的源自浙江并在全国推广的特色小镇、以海创园为代表的中小企业孵化园，以及办公写字楼等不同类型、不同规模、不同年代、不同开发主体主导下的科创园区，为本研究提供了丰富的样本。

（3）大走廊具备了科创园区"产城创"融合发展的基本要素，各要素高度融合，展现了"产城创"融合发展的趋势。

其一，"产"要素丰富。作为科创产业发展的空间载体，不同类型园区以发展科创产业为主导的企业成为"产"发展的主体；其二，"城"要素完备。这里有较为完善的居住生活、配套服务等现代城市综合功能以及老余杭仓前镇等地方文脉、西溪国家湿地等复杂卓越的自然条件，为产业的发展提供了"城"的空间载体和配套支撑；其三，"创"要素集聚。这里集合了以浙江大学为代表的高等院校、以之江实验室为代表的国家级实验室、以阿里巴巴达摩院为代表的研究院等一批优质创新平台，以及各类高技能人才、科研团队、众创空间等创新资源。大走廊集聚了"产""城""创"三类要素，其要素在空间分布和内在联系上高度融合，显现了"产城创"融合发展的趋势。

综上所述，本研究选择杭州城西科创大走廊作为研究对象，从"产城创"融合的角度展开对科创园区发展的研究。通过总结大走廊地区实践中凝结和体现的科创园区创新发展智慧和新鲜经验，可以为我国尤其长三角地区面临相似发展背景和机遇的新城规划和产业园区发展提供了参考和借鉴，并具有一定的适用性。

1.5.2 研究内容

本研究围绕核心科学问题——面向未来的新城园区在创新驱动和城市化转型新阶段应该如何发展，这需要从"产城创"融合角度展开研究。

1. "产城创"融合发展阶段与空间特征分析

从时序上回顾大走廊"产城创"融合发展脉络,对其阶段性发展过程中"产""城""创"要素进入时序,以及空间格局、产业发展、创新发展的变化历程和发展背后动因进行梳理。此外,从空间上结合地理空间数据分析科创园区、居住区、高等院校、科研院所等"产""城""创"空间的分布特征。

2. 新城园区发展中的"产城创"融合关联性量化研究

首先,分别选择衡量"产""城""创"的指标。以"科创企业发展"反映"产",从聚集程度、发展规模、创新能力、经营状况、综合实力选择衡量科创企业发展的指标;以"职住关系"反映"城",从职住平衡指数和通勤距离选择衡量职住关系的指标;以"高校创新力"反映"创",从师资队伍、人才培养、科研实力、学术影响、产学合作选择衡量高校创新力的指标。其次,运用统计学偏最小二乘回归方法分析科创企业发展与职住关系、高校创新力指标之间的关联性。从量化角度研究科创园区"产城创"融合发展,以此分析城市空间布局、高校创新资源对科创园区企业发展的影响。

3. "阿里系"代表性科创园区的"产城创"融合发展深度个案解剖

选择阿里巴巴集团总部所在地阿里巴巴西溪园区,以及由阿里巴巴参与发起建设的梦想小镇等大走廊内的"阿里系"代表性科创园区进行个案研究。运用多元数据,从园区科创企业发展、园区职住关系、园区与高校创新力的融合发展三个维度,分析"产城创"互动融合关系以及如何实现新城的综合发展。

1.5.3 研究方法

本研究采集了地理空间数据、基于位置服务的职住大数据等多元数据,通过文献检索、案例研究、实证调研、GIS空间分析、统计学定量分析等方法,结合城乡规划学、建筑学、城市设计学、地理信息学、经济学、社会学等多学科知识开展研究。

1. 文献检索法

在广泛查阅了与城市化、新城规划、创新城区、科创园区、产城融合等相关著作、期刊文献及网络资源的基础上,归纳总结相关理论研究与实践案例,为本研究提供全面的理论基础和实践支撑,进一步明确本书的研究范围和相关概念定义。同时，搜集整理与长三角、浙江省、杭州市、城西科创大走廊、三大科技城等相关的政策文件公告、规划设计文本等，梳理大走廊的时空发展脉络和演变历程。

2.　案例研究与实证调研法

在文献研究基础上对大走廊进行实地调研和走访。通过对物质空间的客观观察和实地调研，以及对管委会、园区工作者和管理者、居民、科研工作者等目标人群的访谈，获取第一手数据和资料。

选取大走廊作为研究案例对象，并选择了"阿里系"园区进行个案解剖，从科创企业发展、职住关系以及与高校创新资源的融合发展等方面展开深入个案研究。

3.　定量统计分析法

本研究采用偏最小二乘回归方法，分别分析了职住关系与科创企业的发展、高校创新资源与科创企业发展之间的关联性，并探究新城园区"产""城""创"要素如何融合发展。偏最小二乘回归方法由Wold和Albano等人（1983）首次提出。该方法是主成分分析、典型相关分析和多元线性回归分析三种方法的集合运用。首先，运用主成分分析原理将多个自变量X进行信息浓缩得到主成分U，将多个因变量Y进行信息浓缩得到主成分V。然后，借助典型相关原理分别分析X与U的关系，以及Y与V的关系。最后结合多元线性回归原理，分析X对于V的关系，从而得到X对于Y的影响关系。偏最小二乘回归方法是一种可以解决共线性问题、同时分析多个因变量Y、处理小样本时影响关系研究的一种多元统计方法。

4.　定性空间分析法

本研究运用ArcGIS平台工具对杭州城西科创大走廊的"产""城""创"空间分布和指标发展现状进行归类梳理。结合多平台公开数据，采用核密度等空间分析工具直观地反映出各研究变量在大走廊区域内的分布情况和聚集程度，对大走廊科创园区"产""城""创"发展情况进行分析与可视化表达。

1.6　章节安排

本研究以创新驱动发展战略下的城市化发展为背景，选择杭州城西科创大走廊为研究区域，对新城园区"产城创"融合发展模式展开研究。全书共分6个章节，各章节内容如下：

第1章为绪论。本章论述了研究背景以及研究目的和意义，提出了研究拟解决的关键问题，阐述了研究的对象、内容及方法，确定了本书的研究路线及章节安排。

第2章为文献综述与研究框架构建。本章综述了科创园区的由来及发展历程、科创园区"产城创"融合发展相关研究进展、科创园区"产城创"融合发展相关研究运用中的数据方法、科创园区"产城创"融合发展的当前实践探索，进而总结前人研究的不足之处以及对本研究的启示。在此基础上，梳理研究思路，构建研究框架。

第3章为大走廊"产城创"融合发展阶段与空间特征研究。基于政策规划文件梳理和现场调研成果，首先对大走廊"产城创"融合发展阶段进行演绎，分析各阶段大走廊"产""城""创"发展的空间分布、"产""城""创"要素进入的时序和发展状况，以及发展背后的驱动力等。然后，从科创园区、居住区、高等院校、科研院所以及交通体系对"产城创"融合的空间分布展开分析。最后，基于发展阶段演绎和空间分布分析，归纳总结了大走廊"产城创"融合发展特征。

第4章为大走廊"产城创"融合发展关联性量化研究。本章在获取大走廊科创企业发展数据、基于位置服务的职住大数据，以及高校创新资源数据等多元数据的基础上，分别对职住关系、高校创新力与科创企业发展之间的关联性展开研究。本研究采用偏最小二乘回归定量分析方法，选择与职住平衡指数、通勤距离相关的职住关系指标为自变量，选择与科创企业聚集程度、发展规模、创新能力、经营状况、综合实力相关的科创企业发展指标为因变量，研究职住关系与科创企业发展之间的关联性。选择与高校师资力量、人才培养、科研质量、学术影响力、校企合作等相关的高校创新力指标作为自变量，选择科创企业发展指标作为因变量，研究高校创新力与科创企业发展之间的关联性。

第5章为大走廊"阿里系"园区"产城创"融合发展案例研究。本章选取了大走廊"阿里系"科创园区阿里巴巴西溪园区和梦想小镇，进行了近距离的空间尺度观察和体会，分别从园区的科创企业发展、园区的职住关系及与周边社区的联系，以及园区与高校创新力融合发展三方面对案例进行剖析。并在此基础上，总结科创园区"产城创"融合发展以实现新城综合发展的路径。

第6章为总结与展望。本章对全书进行总结，论述了主要结论、对未来科创园区发展的建议，以及研究创新点。

第 2 章
文献综述与研究框架构建

当前科创园区发展进入新的转型阶段,创新对于区域发展的作用日益凸显,传统的产业园区模式正逐步向综合型城区转变。围绕"面向未来的新城园区在创新驱动和城市化转型新阶段应该如何发展"这一核心问题,本章从科创园区的由来及发展历程、科创园区"产城创"融合发展相关研究、科创园区"产城创"融合发展相关研究中运用的数据方法、科创园区"产城创"融合发展当前实践探索四个方面对相关研究和实践展开综述。通过前人研究得到启示和借鉴,进而总结出研究主题,提出研究思路并构建研究框架。

2.1 科创园区的由来及发展历程

科创园区是创新驱动发展时期产业园区的一种新兴形式，其由来可追溯到产业园区的兴起。产业园区的发展经历了由"园区"向"新城"演变、由"传统产业"向"科创产业"升级的过程。其发展过程中出现了许多理论研究与实践探索，但仍具有特定历史阶段的局限性。当前对于科创园区"产城创"融合已有一些有益的实践探索，但是在理论研究层面对其发展经验的总结尚存在不足。

2.1.1 国外园区发展历程

19世纪以来，西方国家城市发展经历了快速城市化—郊区化—逆城市化的三次重大转变，围绕解决特定时期的城市问题，其城市的空间形态经历了集中发展—分散发展—城市蔓延的演变阶段（朱喜钢，2002）。产业园区与城市化的发展趋势同步，最早于19世纪末作为促进、规划和管理工业发展的手段在工业化国家出现，是以承载产业、促进企业集聚为目标的产业空间载体（李颖，2015），其发展经历了"产"一元孤立发展、"产城"二元复合发展和"产城创"三元关联发展三个阶段。

1. "产"一元孤立发展阶段

产业园区是产业集聚的空间区域，最早诞生于19世纪末期的西方发达工业国家，是为了满足市政规划和产业布局需求，由政府划定特定区域，让企业集聚而形成的专业化产业群聚载体（李颖，2015）。

国外对城市化背景下新城产业园区发展相关理论研究，最早可以追溯到1898年埃比尼泽·霍华德（Howard，1902）"田园城市"（Garden City）。"田园城市"遵循生态有机规划的理念，在母城边缘建造足够的新城，分散大城市中过度拥挤的人口和产业，有利于改善母城土地资源不充足、人口拥挤、就业压力大等问题，缓解区域增长压力。埃比尼泽·霍华德的"田园城市"对现代城市规划思想起了重要的启蒙作用，衍生出了"卫星城""有机疏散"等理论，并得到初步实践，但仍然是一种理想化的城市模型。

1915年，美国学者泰勒（Taylor，1970）提出"卫星城"（Satellite City）

概念，即在大城市郊区建立如同宇宙中卫星般的小城市，将大城市的工厂搬迁至此，以疏散工业与人口，控制城市规模。1924年，昂温（R. Unwin）在荷兰阿姆斯特丹召开的国际城市会议上提出，卫星城既是一个经济上、社会上、文化上具有现代城市性质的独立城市单位，又是防止大城市规模过大和不断蔓延的重要方法（翟健，2016）。

1933年，《雅典宪章》提出城市功能分区理论，认为城市应该按照功能需求将其中的物质要素如居住区、工作区和娱乐区等进行合理分区，并建立起相互关联的交通网，组成一个合理布局、相互联系的整体，以保障居住、工作、游憩和交通四大功能的正常运行（应盛，2009）。

此后，西方发达国家城市工业郊区化发展趋势日益显著。随着城市工业化发展，建设了一大批以加工制造为主要功能的劳动密集型、低附加值工厂，吸引了劳动力、资本、技术等生产要素的集聚。工业城市衰退后出现了工业经济向服务业经济转型的趋势（向乔玉 等，2014）。为降低生产成本、提高生产效率、获得规模化收益，同时推进现代服务业发展、加速传统制造业升级，产业园区迫切需要大量廉价土地资源和劳动力作为支撑，而城市中心区可供新功能、新产业发展的增量用地空间和人力却十分有限。因此，出现了大量扩张城市空间、将工业迁往郊区、在城市远近郊建设大量功能单一的工业区和产业园区的现象（孙建欣 等，2015）。

这些园区的规划和建设一般按照"单纯工业区"定位，具有典型的"孤立型"特征，如早期的英国伦敦工业区、法国里昂工业区、德国斯图加特工业区等，突出表现为产城缺乏互动、粗放经营、资源配置低等问题（郭琪 等，2013）。在产业类型上，大多以传统工业为主导，单纯追求产业发展和经济效益；在空间分布上，独立选址于地价低廉的城市外围地区，容易造成粗放的土地利用模式；在产城关系上，忽略了园区与其周边城市功能的协调，导致园区生活居住、公共服务设施等用地严重不足，与城市的空间关系基本脱离。

在"产"一元孤立发展阶段，由于园区早期在功能和空间上与主城区的有机联系严重不足，成为相对独立的一个经济增长点，从而使园区空间在初期呈现出孤岛化发展（高吉成，2016）。

2. "产城"二元复合发展阶段

进入20世纪40年代，西方发达国家在特大城市周边掀起了建设产业新城的热潮，产业园区逐步向新城转型。进入"产城"二元复合发展阶段，这种满足工作和生活需要的产业新城可视为产城融合发展的雏形。这一阶段的城市化发展出现了"都市蔓延""中央商务区""混合利用""新城市主义"等相关理论和实践探索，进一步影响并推动了产业园区与城市融合，呈现"产城"一体化复合发展趋势。

根据英国《大不列颠百科全书》给出的定义：新城是一种规划形式，其目的在于通过在大城市以外重新安置人口，设置住宅、医院、产业、文化、休憩和商业中心，形成新的、相对独立的社会（王磊，2007）。

第二次世界大战之后，西方国家郊区化进程加快，城市呈现分散式发展。欧美国家一些被战争破坏的重建城市和新建城市大多是按照城市功能分区进行规划和建设的，城市的空间布局趋于结构性，而不孤立发展（蔡绍洪 等，2007）。这一时期郊区虽然改变了起初的"卧城"角色，但这种模式以功能分区为基础，破坏了传统社区内部的有机联系（邹兵，2000）。

20世纪五六十年代，为应对城市郊区化所带来的问题，中央商务区（Central Business District，CBD）模式兴起（Johnson et al.，2010）。在发达国家，城市中心区制造业开始外迁，而同时为吸引人才回流并实现经济效益，商务办公活动却不断向城市中心区聚集，一些大城市在原有商业中心基础上重新规划建设具有一定规模的现代商务中心区，如纽约曼哈顿、巴黎拉德芳斯、东京新宿等（张仁开，2006）。但事实上这种白天以商业聚集人潮的CBD，傍晚下班后人流退去便瞬间成了一座孤岛的现象在美国早已屡见不鲜。诸多实践证明，在CBD理论指导下的园区模式往往不久便出现活力衰减，甚至"死城"现象。

功能分区原本是要尽可能结合地形地貌特征合理分区，使整个城市各个分区之间形成彼此隔离而又互相联系的有机整体，但是在实际规划建设过程中，过于强化功能分区却带来了土地使用效率低下、城市缺乏活力、产城分离、职住失衡、交通拥堵等严重的城市问题。

20世纪60年代以来，为解决城市化发展带来的"大城市病"，出现了许多关注多功能混合、体现产城一体化思想的理论与实践。简·雅各布斯（Jacobs，2012）提出了"混合使用"（Mixed-Use），反对城市发展的郊区化模式和严格的功能分区，指出城市的结构应当建立在混合功能的原则上，倡导维护城市长期以来形成的多元性和混合性。1970年，英国建设的凯恩斯新城把工厂、行政、经济和文化管理机构等布置在住宅附近，形成综合居住区，并基本做到职住平衡（陈家祥，2009）。1977年《马丘比丘宪章》提出要创造综合的多功能环境，不要过分追求严格的功能分区，以免破坏城市各组成部分之间的有机联系。1987年，美国城市土地学会对"土地混合利用"做出定义，即一项连贯的、具有三种以上功能、在形态上实现整合的土地使用模式，并指出混合使用开发是缓解城市问题有效的办法（陈超，2016）。1993年，在美国亚历山大召开的第一届新城市主义大会标志着"新城市主义"（New Urbanism）思想的正式确立和理论体系的成熟（Bray，1993）。该理论主要针对由城市大规模扩张造成的郊区无序蔓延所带来的原有城市空心化、城市空间结构破坏、土地资源浪费、交通拥堵、环境破坏等一系列城市问题，强调城市土地的混合利用，提倡营造适于步行的、紧凑的、混合使用的社区，形成完善的都市、城镇、乡村和邻里单元（Sung et al.，2013；田雪，2006）。

3. "产城创"三元关联发展阶段

随着产业化和高新技术的发展，传统的、粗放的和高耗能的低端产业区逐渐被新技术、标准化和智能化的新型产业区所取代，产业园区的发展进入"产城创"三元关联发展阶段。1951年，世界上第一个以高科技为主的产业园区——美国斯坦福科技园成立，而后迅速发展成为"硅谷"，这标志着产业园区新兴形式——科创园区的诞生（Gillmor，2005）。此后，科创园区这种促进科技与产业结合的有效形式的相关理论研究和实践便在世界各国兴起。

（1）在理论研究方面，科创园区发展的相关理论基础主要包括增长极理论、孵化器理论、产业集群理论、创新城区等，学界普遍认为"创新是区域经济增长的主要动力"。

20世纪50年代，法国经济学家弗朗索·佩鲁（F. Perroux）提出增长极理论。增长极是指在一个地区中，围绕推动性的主导工业部门而组织的有活力的高度联合的一组工业，它不仅本身能迅速增长，而且能通过乘数效应推动其他部门的增长（Mφnsted，1974）。形成增长极的关键在于具有创新能力的企业，它在增长极形成初期便对周边资源产生强大的吸引力，从而不断积累有利因素并实现自我增强的发展能力，形成极化效应；而在增长极发展到一定程度后，企业集聚发展所形成的经济活动中心所累积的能量，不断向外围渗透、辐射并带动周边地区经济的增长，形成扩散效应（滕堂伟，2009）。科创园区是指在具备高新技术创新和产业化条件的地区通过有意识地规划和营造而建立起来的园区，其本身就是一个增长极，具有典型的极化和扩散效应（陈家祥，2019），并不断吸引着大量的创新资源和资金、技术、人才、政策等要素的集聚，同时对周边区域产生辐射影响。

1975年，Struyk和James提出孵化器理论。美国孵化器专家鲁斯坦·拉卡卡等人（Lalkaka et al.，1999）认为，企业孵化器是一种为培育新生企业而设计的受控制的工作环境，它专门为经过挑选的知识型创业企业提供培育服务，直到这些企业能够不用或很少借用其他帮助而将他们的产品或服务成功地打入市场。企业孵化器的经济作用是为快速增长的高新技术企业、处于变化中的各类成熟企业、跨国经营企业的地区总部、研究机构集聚提供苗床和孵化服务。科创园区是以促进高新技术产业化、为高科技企业提供更加有力的发展环境的特殊空间，其本身可被视为一个大的孵化器，包含了各式各样的专业孵化器、创新中心、大学科技园、软件园、生物科技园等。

1990年，美国哈佛商学院学者迈克尔·波特（Porter，1990）提出"集群"概念，揭示了产业集群在形成与提高产业竞争优势中的重要性。产业集群包括产业链上、中、下游的相关联企业以及其他机构，形成多产业融合、多机构联结、资源环境共享、竞争合作并存的产业共生体，具有集聚经济效应、规模经济效应、外部经济效应、组织形态效应，最终增强区域的竞争优势（Sarach，2015）。科创园区与产业集群存在互动关系，园区良好的创业环境和规划建设为产业集群的发展提供了有利的平台和空间，同时，产业集群的形成和发展也为科创园区带来了持续的竞争优势。

2014年，美国布鲁金斯学会提出"创新城区"（Innovation District）概念，认为该区域技术密集、创新活跃，并提供办公楼宇、商业公寓、居民住宅、零售中心等配套设施，空间上具备紧凑、交通便利、通信网络顺畅等特征（Katz et al.，2014）。其理论基础可追溯到19世纪末马歇尔提出的产业区理论、韦伯的工业区位论（Industrial Location）、波特的产业集群（Industrial Cluster）等。创新城区概念提出后，美国各大城市区域纷纷提出了创新城区发展战略和空间规划，开展了丰富的理论研究和实践探索。根据其发展特征与空间区位的差异主要分为三种类型：创新源驱动型、城市更新型和科技（产业）园提升型（任俊宇 等，2018b）。在亚特兰大、剑桥、匹兹堡等市中心和次中心出现的创新源驱动型创新城区，比如剑桥肯德尔广场；在波士顿、芝加哥、西雅图等一些未被充分利用的区域（尤其是老工业区）改造建设的城市更新型创新城区，比如西雅图联合湖南区；改造传统远郊科学园区，实现更加城市化、更具活力的工作和生活环境，比如北卡罗来纳三角研究园。创新城区是全球创新空间由"园区"走向"城区"大趋势下的产物，有利于推动科创园区新一轮的创新创业发展和产业转型升级，并逐步向科创新城发展。

（2）在园区实践方面，全球科技园区的建设浪潮在美国硅谷科技园区模式取得成功后开始兴起，出现了波士顿128公路、北卡罗来纳三角研究园、英国剑桥科学园、法国索菲亚科学园、日本筑波科学城、新加坡科学园、韩国大德科学城、印度班加罗尔科技园等一大批科创园区（表2-1）。

通过对各园区实践的分析与总结，我们发现自20世纪中叶硅谷建设以来，科创园区在全球的发展以发达国家为代表，其功能外延不断拓展。在主导产业类型上，以软件开发、信息通信、生命科学、生物医药、新材料、新能源等高科技新兴产业为主；在地理位置上，科创园区往往选址于工业发达、交通发达、文化发达的大城市的边缘。此外，园区周边或内部区域通常分布着众多高校，依托于高校寻求智力、人才等创新资源的支持。创新对于园区发展的重要性不言而喻，科创园区逐渐显现出"产城创"融合发展的趋势。

国外科创园区实践案例 表 2-1

园区名称	建设时间	面积（km^2）	主导产业	代表企业	周边高校
美国硅谷	1951年	4800	半导体产业、集成电路、计算机、生物制药、资讯网络、信息服务和商业服务	谷歌、脸书、惠普、英特尔、苹果、英伟达、特斯拉、雅虎	斯坦福大学、加州大学伯克利分校、加州大学旧金山分校、圣何塞州立大学
美国北卡罗来纳三角研究园	1959年	28.33	生物科技、生命科学、信息技术、化工、环保	IBM、爱立信、北电网络、葛兰素史克、易安信、巴斯夫集团、恩科	杜克大学、北卡罗来纳州立大学、北卡罗来纳大学
美国波士顿128公路	1960年	长约90km	电子、计算机、宇航、国防、生物工程	美国无线电公司、王安公司	麻省理工学院、哈佛大学
英国剑桥科创园	1970年	0.615	生物医药、计算机、电信、咨询、能源、环境	东芝、飞利浦	剑桥大学
法国索菲亚科学园	1972年	23	信息技术、生命科学、生物医药、精细化工、环保和新能源、服务业	施耐德电气、惠普、法国电信、西门子、爱思特、爱立信、拜耳	尼斯大学、CERAM尼斯高等商学院
日本筑波科学城	1963年	28.4	医药、化学、电子电气、机械工程、建设	—	筑波大学、筑波技术大学
韩国大德科学城	1970年	27.8	生命科学、信息通信、新材料、化学、能源、机械航空	三星、LG、乐喜、金星	忠南国立大学、大德大学
新加坡科学园	1985年	1.15	电子信息、生命科学、化工能源	惠普、摩托罗拉、微软	新加坡公立大学、南洋理工大学
印度班加罗尔科技园	1991年	0.28	软件开发及服务	微软、英特尔、IBM、通用电气、朗讯科技	印度理工大学、班加罗尔大学、农业科学大学、航空学院、印度管理学院、农业科技大学

2.1.2　国内园区发展历程

我国的产业园区建设起步于20世纪80年代，与中国城镇化发展趋势同步。在中国产业园区发展的实践中,可以看到对西方模式借鉴的痕迹,园区发展经历了生产要素集聚产业主导的"产"一元孤立发展阶段、产业升级配套完善的"产城"二元复合发展阶段、创新驱动下的"产城创"三元关联发展阶段三个阶段,产城关系也从点对点式基本脱离—产城逐步融合—产城创网络化多极融合不断发展转变(王启魁,2013)。

1."产"一元孤立发展阶段

改革开放以来,我国14个沿海开放城市先后成立了经济技术开发区,并逐步发展到以粗放型产业为主的产业园,拉开了国内产业园区建设的序幕(吴维海,2016)。1985年7月,深圳蛇口工业区成为中国最早的产业园区试验区(陈家祥,2020)。同年8月,我国出台了促进高新技术产业发展的"火炬计划",而后产业园区在全国各地迅速发展起来(董莉莉 等,2017)。

我国产业园区的发展受到了国外城市化发展理论的深远影响。在发展特征上,早期产业园区大多是为了满足经济发展,依靠国家优惠政策实现人才、技术、资本等各种生产要素在空间上的集聚,具有集中布局、功能单一、空间隔离的特征(许世光 等,2013)。在产业形态上,以钢铁、煤矿、机械、化工等低附加值、劳动密集型传统产业为主,依靠降低土地成本吸引资金、技术和企业,是功能单一的产品制造加工型园区,成为地区生产力的聚集地(任俊宇,2018a)。在空间分布上,由于老城区工业企业的外迁、新项目集中部署在城市远郊甚至几十公里外的空旷土地,园区多位于城镇边缘的单个或同类企业聚集区,独立于城区。同时,由于城市外围配套服务设施匮乏,不足以支持生产活动要素的消费需求,园区员工的居住及生活配套仍然需要回到中心城区,与城市呈现点对点式的基本脱离状态(张克俊,2005)。

改革开放以来,产业园区的开发对城市经济发展做出了突出贡献,从而被作为引领我国工业化和城市化快速推进的战略手段,成为拉动地方经济、拓展城市空间、承载体制技术创新的重要载体(欧阳东 等,2014)。但是,由于政府过度依赖土地经营和优惠政策、对产业发展缺乏有效调控、产业结构单一、粗放开发模式制约等原因(王缉慈,2011),园区普遍存在土地开发效率低下、配套服务设施缺乏、功能结构单一、与城市和区域发展脱节、职住失衡与钟摆式交通、综合竞争力不强等问题,成为与城市空间分离的纯粹产业区和区域经济中的"孤岛",需要构建科研、产业、生活、旅游休闲及配套居住等多层次服务体系和多元化经济结构(黄汝钦 等,2013)。

在我国产业园区发展的初期阶段,园区以劳动密集型产业为主,保持高速度增长态势,但是产业之间关联性不高,且较少关注商业和生活等方面的配套,呈现"产"一元孤立发展的特征。

2. "产城"二元复合发展阶段

随着全球产业升级和城市化的推进，我国的产业园区实践仍以生产建设为主，但是国内仿效国外这些理论的实践早已暴露许多负面效应，比如园区内部功能不完善、新城配套设施缺乏、城市与产业发展割裂、与城市融合度有限等（李聪，2014）。

从20世纪90年代末期开始，针对园区发展初期由单一追求产业经济效益的粗放发展模式所带来的问题，产业园区开发中开始有意识配套城市服务功能和设施，关注内部生产生活功能的融合与城市化转型（葛春晖，2012），由园区逐步向产业、居住、研发、商业等多功能复合的城区转变（温慧，2016），形成"产城"二元功能复合的城市片区。一方面，园区产业规模的扩张引起了人口与产业不断聚集，引发了更多社会经济活动。同时，对服务配套产生了更大需求，促进园区加强服务功能配套（李俊峰 等，2012）；另一方面，产业园区与主城之间的联系愈发紧密，两者互动的局面已形成，产业园区开始承担更多的功能，逐渐走出"孤岛"模式（吴肖，2016）。

我国的产业园区正从以生产功能为基础的小区域、独立型、单一功能的园区逐步向以生活、工作、公共服务、生态等混合功能为基础、更高层次的综合性产业新城转型升级（李文彬 等，2014；李东和 等，2018）。20世纪90年代，受国外 CBD 理论影响，上海陆家嘴 CBD 建成。然而，在规划之初并没有考虑到适用不同消费层次需求的商业、餐饮、休闲、娱乐等配套设施，长期人气不足，白天仅有办公人员以及部分前来观光旅游的人，到了夜晚人去楼空、一片萧条。同时，人性化小尺度空间缺乏、交通拥堵等问题逐渐暴露（严华鸣，2008）。因此，后期将其规划的所有商务楼的裙楼均调整为服务性空间，及时增加相关商业配套，引进正大广场、新上海商业城等项目（田金玲 等，2017）。

在"产城"二元复合发展阶段，园区的选址布局重视扩大非生产性用地的建设，强调建设完善的城市生活配套服务体系，使园区经济效益和社会效益共同促进。产业园区集聚了大量人口，成为城市化的重要空间载体，产城关系相互融合促进，并逐渐形成经济发展、功能混合、设施完善、生态宜居、人文浓厚的城市综合体。

3. "产城创"三元关联发展阶段

进入21世纪，创新的作用日益凸显，对于产业园区的发展以及城市竞争力的提升具有关键作用。我国产城园区的发展在创新驱动下，注入了持续的活力，呈现出"产城创"网络化多极融合发展态势，是未来新城园区的主要发展趋势。

这一阶段传统产业不断转型升级，逐渐发展成为以集聚高势能优势的科技创新产业为主导的产业，并集中在智能装备制造、"互联网+"新兴产业、高端现代服务业等领域。在完善城市生活服务体系的基础上，集聚了大量的高科技人才以及高等院校、研发机构、实验室等创新动力源，为园区的发展提供智力、知识和技术支持，为科创园区"产城创"融合发展提供条件（吴越 等，2018）。在园区实践方面，涌现出了北京中关村、张江高科技园、苏州工业园、长三角科技城等一批代表性案例（表2-2）。

20世纪末，北京中关村成为中国第一个国家级高新技术产业开发区。以信息技术为代表的世界第三次新技术革命浪潮的兴起，以及中国改革开放的社会大变革，这为中关村地区的发展提供了绝好的机遇。曾国屏和刘字濠（2012）指出中关村的成功在于国家战略、首都区位以及知识人才储备。《中关村科学城规划（2017—2035年）》强调对科研办公条件、居住保障、教育及医疗、开放式公共空间、慢行系统与绿化设施等配套服务的综合优化。

1992年7月，张江高科技园开园，成为了第一批国家级新区。它强调用地的都市功能混合，这是"科学特征明显、科技要素集聚、环境人文生态、充满创新活力"的世界一流园区。吴越（2007a）针对扩容后的张江高科技园如何从单一功能园区向具有吸引力的综合地区转变的问题，提出了"激活与修补"理论，强调都市功能混合。赵炎和徐悦蕾（2017）考虑到张江高科技园区单一功能的局限性，提出了综合型城市的构想。张江高科技园区内办公空间随时代发展和劳动力性质的转变产生了办公形制、空间划分、流线组织的变化（苏楠，2015）。

苏州工业园是我国首个开放创新综合试验区，它聚集各类要素并推动园区创新发展。首先，园区根据区位条件及就业人口规模，划分不同类别的居住区和相配套的商业服务体系，布局商务、科教创新、旅游度假、高端制造与国际贸易功能板块，提供包括银行、邮政、中西餐厅、精品书屋、商业零售、运动休闲等生活配套载体，形成产城一体的城市发展格局（刘伟奇 等，2012）。罗小龙等人（2011）提出在苏州工业园通过打造集生产、居住、商业、休闲及其他多功能于一体的城市新空间载体来加速发展。此外，园区围绕创新研发、工程化中试、小规模生产、成果转化、专利运营、产业服务、综合配套等创新链环节，加大力度吸引和汇聚领先技术、创新产品、高端人才、产业资本、支撑平台和创业载体等六大核心要素，构建开放合作的创新网络（闫二旺 等，2017）。

国内科创园区实践案例　　　　　表 2-2

园区名称	建设时间	面积（km²）	主导产业	代表企业	周边高校
北京中关村	1988年	488	电子信息、生物医药、能源环保、新材料、先进制造、航空航天、IT服务、云计算、移动互联、大数据、人工智能、量子科学	联想、百度、北大方正、清华紫光、腾讯、新浪、亚信科技、科大讯飞、软通动力、华胜天成、广联达、IBM	北京大学、清华大学、北京航空航天大学、中国石油大学、北京化工大学、华北电力大学等
张江高科技园	1992年	95	信息技术、生物医药	中芯国际、SAP、花旗、华虹宏力、上海兆芯、罗氏制药、微创医疗、和记黄埔、华领医药	上海交通大学、上海科技大学、复旦大学、上海中医药大学
苏州工业园	1994年	278	生物医药、纳米技术应用、人工智能、高端装备智能制造、航空航天、新材料、生命科技、通信和电子设备、半导体、医疗健康、商贸物流、汽车部件、高端机械	信达生物、同程艺龙、旭创科技、南大光电、苏大维格、华为、思必驰、飞利浦医疗、阿迪达斯、欧莱雅、通用电气航空、晶方半导体、三星半导体、矽品科技	中国科技大学、西交利物浦大学、加州大学洛杉矶分校、新加坡国立大学等，哈佛大学、牛津大学、麻省理工学院等设立研究机构或创新基地
台湾新竹工业园	1980年	21	集成电路、电脑及周边、通信、光电、精密机械、生物技术	大智电子、上元科技、罗技、正华通讯	台湾交通大学、台湾清华大学、工业技术研究院
长三角科技城	2012年	87	智能制造、科技信息、软件服务外包、电子商务、数据挖掘和云计算等、生命健康、智慧医疗、科技金融、技术贸易、信息咨询	吉利汽车、平安银行、明达意航、中国水利水电、中铁、乐高	上海交通大学、上海科技大学、复旦大学、上海中医药大学

综上所述，通过对科创园区由来和发展历程的梳理可以发现：

（1）产业园区诞生于19世纪末期，最早出现在西方发达国家。国内科创园区的发展起步于改革开放后的20世纪80年代，园区发展实践中可以看到对西方模式借鉴的痕迹。国内外园区有着相似的发展趋势，经历了以传统工业为主导、单纯追求产业经济效益的"产"一元孤立发展阶段，到关注多功能混合的"产城"二元复合发展阶段，再到产业转型升级、创新要素集聚的"产城创"三元关联发展阶段。

（2）作为新时期创新驱动背景下城市化发展的重要空间载体，科创园区的发展并不是孤立的，与城市化的发展趋势和产业化进程紧密相关，离不开"城"和"创"这两个关键要素的影响，"产城创"融合已成为未来科创园区发展的重要趋势。

（3）园区发展中出现了许多理论与实践，如以伦敦卫星城为代表的"卧城"模式，在都市中心区发展单一商务办公的中央商务区CBD模式，郊区化都市蔓延中的低密度产业园区模式，世纪之交出现的回归人性化新城模式，以美国Seaside实践为代表的新都市主义，以高科技产业著名的美国西岸硅谷模式和东岸波士顿"大开挖"（The Big Dig）引导的改造优质旧城环境的吸引人才与聚集新兴产业的模式等。这些理论大多是对特定的历史阶段和经济环境的一种探索，具有局限性。

2.2 科创园区"产城创"融合发展相关研究

伴随着城市化进程的推进，在当前创新驱动新引擎的作用下，产业园区的发展已实现了从产城分离向产城融合发展的转变，并正在逐步迈向"产城创"网络化多极融合发展新阶段。对科创园区"产城创"融合发展相关研究的综述，可以从科创园区发展以及"产城创"融合相关研究展开。

2.2.1 科创园区发展研究

国内外学界关于科创园区发展的相关研究，在经济学、管理学、社会学、地理学、城市规划等学科领域均有展开，研究主要涉及园区发展的机制路径、影响因素、评价指标、规划布局等方面。

1. 机制路径研究

科创园区的持续发展，不但需要重视园区市场化体制机制建设，强化企业为主体的产学协同创新机制建立，积极推进企业内生式成长、产业集群式发展，而且还需注重营造吸引和创造新企业以提升其自主创新能力的制度文化环境，集聚高端要素，努力增强园区持续发展能力（王育宝 等，2016）。陈庆华（2018）提出我国科创园区建设的基本模式可分为市场主导、政府主导、大学科研机构主导、"政产学研"协同型四类，集聚创新资源是科创园区建设模式的共同点。于澎田和王宏起（2016）探索了科创园区集聚创新要素的新理念、集成创新能力构成的新机制，包括主体协调机制、资源集聚机制、平台服务机制、环境营造机制、政府支持机制，以及基于本地信息平台和云平台的网络化协同创新发展新路径。

陈益升（2008）对科创园区的历史变革、系统结构、政策法规、管理体制等问题进行了全面考察。徐顽强和刘毅（2007）研究了我国高科技园区的创新历程、平台结构、运行机理、构建模式以及政府功能建设等。

2. 影响因素研究

科创园区作为促进区域创新经济和产业升级与转型的平台，其发展受到来自园区外部的国家政策、市场条件、资金支持、创新要素和环境，以及源于园区自身的管理模式、创新能力、人员水平、财务支持、企业文化和品牌、基础设施、生产生活环境等多方面因素的影响。

从园区外部条件看，国家政策、市场条件、资金支持、创新要素和环境是科创园区发展的重要条件。Huang和Fernández-Maldonado（2016）以及Yan等人（2018）认为国家政策以及区域之间的和谐稳定关系对于科创园区的发展至关重要，政府制定了企业优惠政策和发展战略。Yun和Lee（2018）研究证实，科创园区往往在产业集聚的地区或大型高科技公司所在的地区发展良好，企业集聚的综合效应为科创园区的发展提供了支持。Xiao和North（2018）以及Salvador（2011）认为金融资本以及如何获得和管理资金的指导对于科创园区的绩效也很重要。滕堂伟（2013）将创新创业环境、创新要素集聚度、创新能力、产业能力、全球竞争力五个维度作为影响园区创新发展的代表性影响因素，并通过对部分园区的实证研究，提出国家高新区转型发展的新路径。杜海东（2012）分析了技术创新能力、制度创新能力、支撑创新能力三个子系统内的影响因素，得出园区基础创新能力是影响园区创新能力提升的主要核心要素。Etzkowitz和Zhou（2018）认为创新的动力不是来自园区本身，而是来自自由的区域环境塑造的高校、产业、政府之间的互动。Albahari等人（2017）指出与高校建立了牢固合作关系的科创园区具有更高的绩效水平，例如园区中的公司数量和专利申请数量更多。Casper（2013）分析了以硅谷成功带动区域技术集群的原因在于高校、集群的社交网络、区域管理组织机构三个因素的相互作用。

从园区自身来看，管理模式、创新能力、人员水平、财务支持、文化品牌、基础设施、生产生活环境等因素也会对科创园区形成和发展产生影响（Lindelöf et al.，2002；McCarthy et al.，2018）。Amonpat和Anne（2020）以及Minguillo和Thelwall（2015）认为研究机构能力、产业结构、制度环境、金融支持和城市化程度影响了科创园区的发展。杨双双（2017）提出文化氛围、基础环境、辅助机制、产业结构以及开放式发展是科技园区创新发展的五个关键影响因素。阙景阳（2018）总结了国内外科技园区开发建设的影响因素，包括交通条件、科技资源、管理模式、资金来源、良好的人居环境等。徐颖等人（2004）认为创新能力是高新区发展的主要动力，其中包括知识溢出、市场需求创新和竞争要素的影响。魏心镇和王缉慈（1993）在《新的产业空间：高技术产业开发区的发展与布局》一书中指出，高新区形成的外生变量依次是人才聚集、科技创新、通信环境、基础设施、生产和生活环境等。

3. 评价指标建立

在既往研究中，国内外学者从构建指标体系的不同角度评价了科创园区的发展状况。这些指标的选取虽不尽相同，但是大都以园区企业的发展状况为基础，关注园区企业竞争力和创新能力，从聚集程度、发展规模、创新能力、经济指标等方面进行综合评价，为本研究对科创企业发展指标的选取提供了借鉴。Yami等人（2018）基于全球创新指数（GII）和生态创新关键指标，分析了创新主观外部性对科技型创新企业竞争力的影响，构建了科技型创新企业竞争力评价模型。刘隆亨（2010）结合园区高新技术产业发展的现状，提出了建立8个高新技术产业评价指标体系，对GDP、财税、创新创造、低碳生态、企业规模和销售利润、科技融资和民间投资、人才积累和国际竞争等要素进行了综合评价。唐宇文和石和春（2005）从经济指标、科技指标、环境指标、资源指标和发展指标五方面，提出新型工业化战略下产业园区发展综合评价指标体系。苏林等人（2013）构建了高新区产城融合评价指标体系，并以张江高新区为例，运用模糊层次分析法对其产城融合度进行综合评价。寇小萱和孙艳丽（2018）应用DEA模型，构建区域科技园区创新能力评价模型，进行科技园区创新能力的区域比较和资源配置分析。张妙燕（2009）考虑集群效应对科技园区创新能力影响的结合制度、技术、知识创新等方面，提出基于集群的科技园区创新能力评价指标体系。王永宁和王旭（2009）确定了以平台建设、技术创新、创新环境、建设成果、对外拓展能力五个基本维度的科创园区评价指标体系。

4. 空间规划布局

对于园区规划布局的研究集中在物质空间层面，而宏观层面关注园区与周边城市之间的关系，包括区位选址、土地利用、城市设计等；微观层面则关注园区内部的尺度形态、功能布局、公共空间、建筑和景观设计等方面。吴越（2007b）针对张江高科技园区在扩容之后面临的从单一功能园区向更具吸引力的综合地区转变的挑战，提出了修补原有的规划框架、激活园区都市功能的思路，并重点就建立都市中心提供了区位评估与形态导则。郑国（2013）提出了在我国未来科技园区规划中要提倡紧凑布局、促进功能复合、实现土地的混合使用。孟嘉慧（2020）从整体氛围、肌理尺度、交通系统、街道界面、周边关联、场所营造、智慧生态几个方面对科技园区街道案例进行归纳分析。林沁茹（2019）总结了创新型科技园区的功能配置比例、各功能的相对位置关系、单一维度和多维度的功能混合布局模式。

2.2.2　"产城创"融合相关研究

伴随着城市化进程的推进，科创园区已逐步实现由产城分离的"园区"向产城融合的"城区"发展。在当前创新引擎的驱动和各种创新要素汇聚的作用下，园区产业类型也由"传统产业"向"科创产业"升级转变，迈向了"产城创"网络化多极融合发展新阶段。关于"产城创"融合的相关研究，主要从"产城""产创"二元角度，关注产城融合、职住关系、产学合作等相关理论与实践，而对于"产城创"三元融合发展的研究则不足。

1．产城融合

产城融合是在我国产业转型升级和新型城镇化双重背景下产业园区发展的新思路，要求产业与城市功能融合、空间整合，"以产促城、以城兴产"，形成多元功能复合共生的产业园区乃至新城（蒋清松，2016）。

国外没有直接阐述产城融合概念的理论，但是过往产业园区和城市化的相关研究与实践在一定程度上体现了产城融合的发展理念。学者们普遍认为产业与城市是紧密相关的，围绕产业与城市融合的基本内涵、理论基础、产城分离的问题等，对产业与城市发展的关系进行了研究。埃比尼泽·霍华德的"田园城市"理论（Howard，1902）中提出的"应该有计划地在大城市周围兴建具有完整产业的新城，来解决现代社会出现的城市人口膨胀、交通堵塞、环境污染等城市病"，可被认为是产城一体化思想的源头。20世纪40年代西方发达国家的产业新城建设热潮可视为产城融合发展的雏形。Ottaviano等人（2006）、Brülhart等人（2008）从增长极的扩散效应角度探讨了产业集聚带来的都市产业经济集聚效应，得出产业集聚与城市发展之间存在着正相关关系。Zhang（2017）提出工业化是城镇化的关键驱动因素，城镇化可以不断促进工业和经济的发展，城镇化与工业发展是共生关系。

产城融合最早在党的十八届三中全会提出，强调要坚持走新型城镇化道路，推进"以人为核心的城镇化"，推动"产业和城镇融合发展"（刘星，2018）。2014年3月，《国家新型城镇化规划（2014—2020年）》提出，"统筹生产区、办公区、生活区、商业区等功能区规划建设，推进功能混合和产城融合，在集聚产业的同时集聚人口，防止新城新区空心化"。国内学者对产城融合的研究集中在内涵特征、发展路径、影响因素、评价体系等方面，学者们认为产业与城市是紧密相关的，产业是城市的重要驱动力，城市可以保障并不断促进产业和经济的发展（宋加山 等，2016）。关于内涵特征，胡滨等人（2013）提出产城一体单元规划的基本特征包括职住平衡、功能复合、配套完善、绿色交通、布局融合；吴先华等人（2018）系统化阐释了产城融合发展的科学内涵体系，提出产城融合要注重城市规模、空间尺度、适宜产业、动态演进、以人为本等问题；李文彬和张昀（2014）从产城关系、产城规模、发展阶段和职住特征四个方面进行论述了产城融合的内涵；关于发展路径，谢呈阳等人（2016）探讨了人本导向下产城融合的机理与作用路径，认为产城协同应以"人"为连接点，通过产品及要素市场的价格调节和因果循环机制实现；苏晓杰（2020）从产业、用地、配套等多个角度对传统高新区产业转型提升路径进行研究；关于影响因素，刘欣英（2016）指出产城融合的影响因素主要包括产业生产要素、经济实力、城市化水平及发展环境；张巍等人（2018）认为制度环境是影响新城产城融合发展的最根本因素，而城市公共服务和生态环境是最直接因素；关于评价体系，苏林等人（2013）构建了高新区产城融合评价指标体系，运用模糊层次分析法综合评价了张江高新区产城融合度；唐晓宏（2014）构建产城融合度评价指数对上海金桥开发区与周边区域的融合发展情况进行评价；王霞等人（2014）引入产城融合分离系数，以56个国家级高新区为样本，通过因子分析建立产城融合度评价体系。

2. 职住关系

随着城市化的发展，城市用地规模不断扩张、空间结构发生变化，由此引发的职住分离现象尤为突出，表现为工作地和居住地之间的地理距离和通勤时间不断延长。职住关系指的是在某一给定的地域范围内，工作者和居住者的人数关系、工作地与居住地之间的空间位置关系和通勤联系（刘望保 等，2013），它包含就业、居住和通勤三个主要内容，是城市空间结构研究的主要内容（韩会然 等，2014）。职住关系是就业与居住两大城市功能、园区与居住区两类城市空间、员工与居民两类群体、生产与生活两项城市活动等多要素、多主体综合交互作用的产物，是洞悉城市空间布局、探索城市成长机制、寻求城市可持续发展路径的着眼点和重要议题（张学波 等，2017）。

既往研究对职住关系在城市发展中的重要性具有共识，认为职住关系包含了工作和居住两大城市空间基本要素，是衡量城市空间结构和功能布局、影响城市运行效率的关键因素，也是城市研究中的重要内容。刘望保和侯长营（2013）认为居住、工作、游憩、交通构成了城市空间的四大要素，职住空间关系是关于居住、就业、交通三者之间的关系，是指城市居民居住地和工作地之间的社会空间关系。孙丽敏（2014）指出职住关系实质上是对城市产城融合度的衡量，职住平衡也是产业园区空间布局的核心目标之一。张书龙（2019）指出居住与就业作为城市空间的两大组成要素，其空间配置对城市发展和居民生活具有至关重要的影响。王录仓和常飞（2019）指出"职"和"住"是城市最基本的功能，职住关系反映了城市秩序与效率。史新宇（2016）认为城市空间的两大基本要素即为就业和居住，二者关系将为城市的交通、规划、房地产、人居环境和空气质量等各个方面带来直接或间接的影响；职住空间的划分是否合理，对城市的综合生态承载力、城市居民的生活和工作效率以及城市的可持续发展能力都有着直接的影响。赵倩（2016）指出就业空间和居住空间是城市居民生产活动和生活活动的空间载体，二者关系直接影响城市的运行质量和效率。纪慰华（2014）指出，就业和居住的空间关系很大程度上决定了城市土地利用、交通体系等的特征和效率。工作和居住是城市土地利用的最主要类型，二者之间的关系很大程度上影响了城市运行效率和城市生活幸福感，也是衡量城市发展状况和人居生活状态的重要方面（Waddell，2002）。

职住关系的理论可以追溯到19世纪末埃比尼泽·霍华德（Howard，1902）"田园城市"中就业和居住相互邻近、平衡发展的思想，认为当城市发展到一定规模时，应该在其附近开发新的城区并配备完善的公共服务设施，使居民"工作在住宅的步行范围之内"，这是职住平衡理念的萌芽。此后，这种思想在20世纪以来的城市规划理论与实践研究中得到应用和发展。芬兰建筑师埃罗·沙里宁（Saarinen，1945）提出"有机疏散"理论，认为城市是一个有机整体，提倡在一个区域内集中布置工作和生活，尽可能减少活动需要的交通量。刘易斯·芒福德（Mumford，1968）等人在"田园城市"基础上提出"平衡"概念，认为应通过政策规划限制城区面积、人口数量和居住密度实现城市功能布局和结构平衡。

国内外对于职住关系的研究集中在职住空间匹配与分离、职住平衡测度、职住关系的影响因素、职住通勤和可达性等方面。Mark等人（2009）和Miller（2010）等人认为较为平衡的职住关系有利于减少平均通勤时间和通勤距离，从而缓解城市交通拥堵问题。Zenou（2013）和Haddad等人（2017）认为城市居住、就业机会空间分布的不均衡造成的职住空间不匹配问题，会增加居民的通勤距离和通勤时间，降低就业可达性。朱娟和钮心毅（2020）分析了南宁市职住平衡特征及其与土地混合使用间的关系。魏海涛等人（2017）讨论了职住比、住房产权属性、通勤方式、家庭收入、房屋类型等变量的职住分离特征及其差异，用多元回归分析的方法系统分析各变量与通勤时间之间的关系。张学波等人（2019）分析了北京都市区就业空间分异特征，识别了对职住空间错位影响显著的行业。

在对职住平衡的测度和评价指标选择上，现有研究多从职住人口、职住用地、交通通勤等方面选取指标进行衡量，常用指标有职住比、独立指数、职住平衡指数、通勤距离、通勤时间和内外通勤比等。Cervero（1989）采用职住比，即区域内就业岗位与住宅数量之比，来测定区域的职住平衡水平。Levine（1998）利用住宅到工作地之间的距离指标测度个体水平的职住平衡。Ewing等人（2004）提出反映职住关系质量上的平衡的指标——职住平衡指数，包括就业者平衡指数和居住者平衡指数。郑思齐等人（2015）构建反映居住与就业实质性匹配的"职住平衡指数"，对北京市各个街道职住平衡的情况进行测度，揭示形成其空间差异性的影响因素和作用机制。徐卞融和吴晓（2010）对某街道居住并工作的流动人口与居住地、工作地不在同一街道的流动人口作量化分析，以研究南京市主城区流动人口职住分离的情况，并对自足度测度方法进行延伸，提出自足性指数、居住独立性指数、就业独立性指数、职住分离指数、居住-就业吸引度指数。陈炉和周国华（2017）运用居住独立性指数和就业独立性指数作为衡量指标，测度长沙市城区的职住空间关系。龙瀛等人（2012）通过市民的公交IC卡上记录的空间与时间数据信息来获取个体通勤距离和时间，从而分析职住关系。《城市公共设施规划规范》GB 50442—2008从就业-居住人口比、就业-家庭比、职住用地比、职居空间匹配指数、人口规模、交通设施、教育以及医疗卫生等构建职住平衡评价指标。

3. 产学合作

世界最早的科创园区实践可追溯到1951年的斯坦福工业园区，它开创了高校与产业结合的新模式（Clark Jr.，2003）。20世纪80年代，弗雷德里克·特曼（Frederick Terman）提出将学术界与工业界结合，斯坦福工业园成长为硅谷（Tajnai，2007），标志着高校科技园这种将学术研究与产业紧密结合起来的新经济现象的产生（林烨，2002）。此后各国纷纷展开了高校与企业发展合作关系的研究和实践。作为企业创新的外部知识来源，高校的重要性得到了学界广泛认可。

关于科创园区产学合作相关研究主要围绕高校、科研机构与企业合作发展的理论研究、实证研究，以及产学合作的影响因素和条件等方面展开。早期学者们多对产学合作的外部条件，包括国别国情、政府职能、政策法律环境等展开研究。Davies（1984）分析了强化产学合作的相关法案及其作用。Curien（1989）分析了欧洲研究协调局（EUREKA）在促进产学合作中的作用，并认为其在结合欧洲工业界和高校进行的研发工作中起到了强有力的推动作用。20世纪90年代中后期，对产学合作的研究更加细化，普遍认为科创园区的创新发展离不开政、产、学、研等多元要素的参与与互动，园区也为这些要素结合提供了最佳载体（刘强，2016）。

在理论方面，涉及国家创新理论、三元参与理论、三螺旋理论、协同理论、交易成本理论、五元互动说等。Lundvall（1992）对国家创新系统的组成要素进行划分，探讨了企业、高校和科研机构、政府、金融机构等创新主体之间的关系。1993年，国际科学工业园协会第九届世界大会提出了三元参与理论，认为科创园区是在高校科技界、工商企业界和政府三方相结合下形成的利益共同体（葛继平，2013）。在三元参与理论的基础上，有学者提出五元驱动理论以及五元互动说，即科创园区的发展需要政、产、学、金、孵五元共同参与和互动的网络系统。Mier等人（2001）研究了产学合作的交易成本，并认为其对产学合作创新具有重要影响。Etzkowitz（2003）运用三螺旋理论分析了政府、学校与企业之间的关系对协同创新的影响，并认为它们三者不仅保持自己的职能，而且可以通过密切合作并相互协调以共同促进创新。

产学合作研究多集中在合作主体、合作动机、合作模式、管理机制、评价体系以及影响因素等方面。Inzelt（2004）研究了匈牙利在转型过程中政府、产业、高校之间的演化关系。世界经济合作与发展组织（OECD，1999）根据合作方式和合作程度，将产学合作模式分为一般性研究支持、非正式合作研究、契约型研究、知识转移和训练计划、参与政府共同研究计划、研发联盟、共同研究中心等类型。Gray（2000）对校企合作的评估方法性问题进行了研究。Cyert和Goodman（2000）从组织学习的角度来研究如何建立有效的校企联盟。Hou等人（2019）发现高校与产业合作的效率取决于高校自身的特征，以及校企合作的科研经费、区域经济地位等因素。Li（2020）认为校企合作创新绩效的各种影响因素主要分为合作网络结构角度、空间地理角度和社会因素角度三个方面。

高等学校是知识、技术等各类创新资源溢出的重要源头，对于科创企业的发展有着重要的作用。对于邻近高校对企业创新的影响，有学者认为高校和企业之间的地理位置邻近将促进这些组织之间的联系。Maietta（2015）研究了校企合作创新的驱动因素，认为距离高校150km以内的企业比距离高校较远的企业具有更多的产品创新可能性。Hervas-Oliver和Albors-Garrigos（2009）提出高校与企业之间的地理空间邻近性对于创新非常重要，这有利于建立它们之间的联系以及知识尤其是隐性知识的转移。D´Este等人（2007）认为地理邻近性在高校与产业合作中发挥着基础性的作用。Garcia等人（2013）认为学术研究与公司研发设施之间的地理接近性在促进高校与产业之间的联系方面起着重要的作用。

既有研究提出了多项反映高校和企业发展的指标。Acs等人（2002）认为专利数据反映了有效的创新产出，并且已经验证了基于专利数据的创新活动的分布特征和发展规律的可靠性。Fontana等人（2006）认为企业规模会影响企业与高校合作，通常大型企业更有可能从科学研究中受益。杨冬林和孟波（2010）指出高校科研经费指标已成为评价高校综合能力的重要指标。Looy等人（2011）认为高校规模以其内部的学者人数来衡量，这是影响高校创新的因素。Tartari和Breschi（2012）指出研究人员希望与行业合作获得设备和数据等非资金帮助，以提高研究质量。Rigby（2015）使用美国专利和引用数据来衡量主要专利类别之间的技术关联性。Maietta（2015）提出影响高校-产业合作的因素有高校的学术研究质量、高校规模、教师构成、研究人员资历等。根据2019年国家高新技术企业认定评分标准细则，知识产权是衡量企业创新能力的重要指标。

综上所述，前人对科创园区的发展研究主要集中在对科创园区发展的机制路径、影响因素、综合发展水平评价，以及空间规划布局的研究；而对"产城创"融合发展的相关研究则主要涉及产城融合、职住关系、产学合作，且多为二元主体关系，对"产城创"三元关系研究得较少。

在科创园区的机制路径、影响因素、评价指标建立中，均能看到"创新"的力量。其一，园区不但需要注重强化企业为主体的多元协同创新机制，还需重视集聚高端创新要素、提升园区自主创新能力；其二，园区外部的创新要素环境和园区自身的创新能力，也是影响园区发展、提升竞争力的关键因素；其三，创新能力是科创园区发展评价指标中的重要方面。

在科创园区发展的影响因素和空间规划布局的研究中，"城市"的作用有所体现。其一，园区发展会受到生产生活环境和基础设施的影响；其二，"园区"向"城区"转变是未来科创园区发展的趋势。

然而，现有关于科创园区产业、城市、创新融合发展的研究，主要是从单一主体或是二元主体之间的关系展开，鲜少从"产城创"三元融合关系角度研究科创园区的发展。并且，"城"和"创"对于"产"的作用虽有所显现，但是对于具体指标与园区发展关联性的研究还存在不足。

2.3 科创园区"产城创"融合发展相关研究中运用的数据方法

2.3.1　多元数据在城市空间研究中的运用

研究数据可分为传统数据和大数据两种类型，适用于不同研究范围和内容。

在实际研究应用中，大多采用单一类型数据展开，存在局限性。一些研究中已出现对多元数据（包括传统数据和大数据）的综合运用，提供了多层次的分析角度，在广度和深度上都达到较好效果。

早期城市空间相关研究由于受到科学技术手段的限制，大多采用传统数据。传统数据指的是传统城市规划工作涉及的地形影像图、地理空间信息、交通路网、用地规划、人口经济统计数据等（高跃宏 等，2007；叶彭姚 等，2006；刘世伟，2008；于涛方 等，2006）。数据的获取方式依赖于统计年鉴、调查问卷、深入访谈、出行日志、实地观测、文献研究等（甄茂成，2019）。刘海燕等（2008）通过实地调研、问卷调查，以及海淀区统计局和海淀科技园区规划办收集到的关于海淀科技园区各产业园建设发展情况和数据资料，对北京市海淀科技园区土地集约利用进行综合评价。张同斌等人（2013）借助源于《中国火炬统计年鉴（2009）》的高新技术产业园区数据，研究中国高新园区集聚的空间特征与形成机理。郭泉恩和孙斌栋（2016）基于2003—2012年省域面板数据，分析中国高技术产业创新的空间分布，数据来自《中国高技术产业统计年鉴》《中国科技统计年鉴》、中国和各省统计年鉴。苏文松等人（2020）基于中关村科技园智慧产业2002—2016年的统计数据，分析中关村科技园智慧产业的空间布局演化和产业增长格局。

20世纪80年代，"大数据"概念首次出现，被预言为"第三次浪潮的华彩乐章"（Alvin，1980）。2011年5月，美国麦肯锡公司提出"大数据时代"已经到来（Manyika et al.，2011），此后各国关于"大数据"的研究和应用迅速展开。与传统数据相比，大数据具有样本量大、数据类型多、实时动态、分析预测性强、处理速度快等优势特点，成为城市空间研究的重要数据来源（Laney，2011）。

在城市规划和设计领域，通过遥感、测绘、传感器、互联网、手机、公交刷卡等技术手段大批量、精准化抓取城市大数据（叶宁 等，2014），包括互联网数据、社交网络数据、POI兴趣点、手机信令数据、智能交通刷卡数据、物联网传感器数据、环保监测等，改变了以往传统城市研究"以片段式的数据进行静态研究"的范式，适用于对群体行为做整体上的动态感知（Batty et al.，2013）。大数据集成了众多现代信息技术，包括采集空间数据的网络GIS软件（Kreitz，2001）、融合GIS/GPS与网络日志的路径调查系统（Papinski et al.，2009）、Twitter和微博等应用软件的位置与内容数据在社交网络中居民活动时空间联系上的应用、基于Google-Map的专题制图系统等（Batty et al.，2013）。大数据在时空维度上实现对研究区域的社会、经济活动的全面分析，为城市规划提供基本依据，对多学科研究方法的交叉与融合、创新城市设计与管理方法、探索居民行为和城市空间的研究方法上起到了推进作用（罗玮 等，2015）。

运用大数据进行城市研究以数据提取与分析技术为基础，多采用定量方法（Bettencourt，2013），主要用于研究居民时空活动、城市交通、城市边界与城镇等级体系、城市肌理，以及智慧城市等方面。基于数据的居民行为研究方向包括大尺度人口分布与变化研究、城市居民时空行为研究，以及对公交刷卡数据的深入挖掘、微博数据挖掘、多源网络开放数据的获取和挖掘、规划知识管理等（邹亚华，2016；柴彦威 等，2012；茅明睿，2014）。Grauwin（2014）利用网络及移动通信数据对居民群体活动特征进行分析，绘制通信强度比较图，为定量城市比较研究提出了新思路。Louf和Barthelemy（2014）对131个城市的街道网格进行计算与分类，并以形状为X轴，面积为Y轴对城市肌理进行了描述。Hollenstein等人（2013）基于位置的Twitter数据研究描绘伦敦和芝加哥等城市居民日常活动边界，重构了城市中心区与边缘区间的边界。钟炜菁和王德（2016）利用手机信令数据，以上海张江高科技园区为例，描述3个典型城市活动场所的时空活动强度、人群组成，以及信令类型的动态变化，总结3类空间活动特征的时空变化规律。龙瀛等人（2012）利用1周855万个公交IC智能卡数据，结合居民出行调查、城市土地利用信息，研究了北京居民的职住关系和通勤行为。王德等人（2015）利用手机信令数据，从职住关系、通勤行为和居民消费休闲出行的微观个体行为角度构建城市建成环境的评价框架，以上海市宝山区为例进行城市建成环境的综合评价。

在实际应用中，传统数据和大数据有不同的适用范围，用于解决不同类型的研究问题。传统数据通常规模较小，注重个体的行为分析结果以及现象背后的内在机理和原因。问卷调查和访谈能够根据研究需要，灵活设置问题以获取较有针对性的数据，有利于直接了解受访者的态度、认识和需求等很多无法从手机定位数据中获得的信息。然而，一些统计数据的时间尺度多以"年"甚至"十年"为单位，实时更新效果较差（陈宇 等，2017）。与传统数据相比，大数据具有海量的数据规模、多源的数据类型、动态的时空属性、价值密度低和处理速度快等优势（Laney，2001；党安荣 等，2015）。大数据更适用于对人类活动等动态数据的记录，分析人类与城市空间环境之间的互动、个体及群体之间的互动、个体行为的空间格局等行为特征与规律（Dang et al.，2015；Ali et al.，2011）。

多元数据，即多种类型的数据，因数据功能、来源不同，在数据形式如格式、单位、精度以及数据内部特征如属性、内容等方面都存在不同。多元数据将传统数据和大数据优势互补，为研究提供了多层次的分析角度。运用多元数据进行城市研究主要集中在城市空间发展动态研究、城市等级体系和网络体系研究、城市增长边界、城市交通研究、城市形态和功能分区、智慧城市等方面。吴康（2016）从居民的行为数据出发，结合人口普查数据、交通数据和人口密度等构建区域城市网络体系及等级。徐驰等人（2017）借助位置大数据研究、人群访谈与调研、企业普查大数据、热力活动大数据、交通调查等多种方法，综合识别人群、企业的主要特征与转型中面临的核心需求，提出针对先进制造园区转型研究的基本方法。蒋昊成（2020）采用LBS定位数据、POI数据、道路矢量数据、房价数据等多元数据，构建城市空间数据库，剖析开发区产城融合与职住关系的内在关联。苗毅（2018）采用统计数据、网络问卷数据、夜间灯光解译及DEM高程数据、高德交通大数据等多元数据，分析区域发展与交通建设的互动关系。李夏天和温小军（2021）以百度热力图、POI数据、遥感影像数据为基础，测度不同时段的河套老城区中街区活力特征的空间变化。

2.3.2　科创园区发展常用量化研究方法

相关研究通常采用相关分析、典型相关分析、多元回归、岭回归、Logistic回归、偏最小二乘回归等统计学方法。

相关分析用于研究定量数据之间的关系情况，包括是否有关系，以及关系紧密程度等（苏理云 等，2012）。如果有相关关系，则相关系数会呈现出显著性。刘志春和陈向东（2015）构建了线性相关模型，对2007—2012年的数据进行回归，验证创新生态系统与创新效率间的关系。魏新来（2015）对苏州工业园区2015年3月份的二手房数据进行快速采集与处理，按照相关系数进行影响强弱的分类，并研究各驱动力因素适宜的评价标准。

典型相关分析借用主成分分析降维的思想，分别对两组变量提取主成分，且使这两个主成分间的相关程度达到最大，而同一组内部提取的主成分之间互不相关，用从两组之间分别提取的主成分的相关性来描述两组变量整体的线性相关关系（陈才扣 等，2010）。傅利平等人（2014）运用典型相关分析法对北京市中关村科技园高技术产业集群知识溢出的区域创新效应进行分析。程毛林等人（2013）构建了技术创新与入园效应的典型相关分析模型，探寻苏州工业园两者良性互动的内在机制。

线性回归用于分析自变量对因变量的影响关系。孙伟和林芳琦（2012）以2005—2011年的工业增加值、就业人数和固定资产投资额为基本数据，运用多元回归法建立预测模型。苗毅（2018）运用多元回归分析等方法，对山东省区域发展与高速交通建设发展的互动关系进行分析。王林申等人（2019）对山东省2015—2016年、浙江省2014—2016年淘宝村分布数量与公路不同距离范围进行线性回归分析。

在进行线性回归分析时，很容易出现自变量共线性问题，导致数据研究出来严重偏差甚至完全相反的结论（马雄威，2008）。针对共线性问题的解决方案，一是可以考虑使用逐步回归进行分析，直接移除共线性的自变量X，但此类做法可能导致希望研究的变量被移除；二是可以考虑使用岭回归，通过放弃最小二乘法的无偏性，以损失部分信息为代价来寻找效果稍差但回归系数更符合实际情况的模型方程（杨楠，2004）。王盈盈等人（2015）利用岭回归法，选取中关村园区和北京市相关指标，建立多元线性回归预测模型，定性定量相结合进行园区经济预测。

偏最小二乘回归法是一种多元统计数据分析方法，主要研究的是多因变量对多自变量的回归建模，适用于变量数量多、各变量内部高度线性相关、样本数较少的情况（王惠文，1999）。该方法集主成分分析、典型相关分析和多元线性回归三种研究方法。主成分分析用于对多个X或者多个Y进行信息浓缩，典型相关分析用于研究多个X和多个Y之间的关系，多元线性回归用于研究影响关系（张文彤等，2015）。

综上所述，科创园区空间研究常用数据有基于统计年鉴、实地调研、问卷访谈等的传统数据，也有基于遥感、测绘、传感器、互联网、手机、公交刷卡等的大数据，以及综合多种数据、提供多层次分析角度的多元数据。常用量化分析方法包括相关分析和回归分析，其中偏最小二乘回归集合了主成分分析、典型相关分析和多元线性回归三种方法，适用于变量数量多、各变量内部高度线性相关、样本数较少的情况。前人研究运用的数据和方法为本研究的数据方法选择提供了借鉴。

2.4 科创园区"产城创"融合发展当前实践探索

2.4.1 科创园区规划与实践发展趋势

在当前我国各地科创园区发展的实践中，除了重视产业自身转型升级和发展外，也十分关注园区周边城市其他功能配套建设以及与高校等创新平台和资源的合作，涌现出了武汉光谷科技创新大走廊、深圳南山科技园、长三角科技城等显现"产城创"融合发展趋势的科创园区最新实践。

《光谷科技创新大走廊发展战略规划（2021—2035年）》于2021年2月4日颁布实施。作为湖北省重大国家战略承载区和重要增长极，光谷集聚了高新技术企业近5000家，约占全省60%。此外，还有近百所高校、3个国家重大科技基础设施、1家国家研究中心、20余家国家重点实验室、30余家产业技术研究院（葛军等，2019）。光谷在"光芯屏端网"、生物、智能等领域集聚了中国信科集团、长江存储、人福医药、东贝集团、科峰传动等一批创新型领军企业。光谷提出要推进"科产城人"融合发展，建设了一批国际化、高端化未来社区，推进科研、商务、居住、生活等多功能耦合和空间融合，打造内畅外联、活力开放、生态宜居的高品质环境。建设人才公寓、院士楼等高层次人才居住设施，并配置社区邻里中心、联合办公空间、创业咖啡等社交化创新交流空间（肖泽磊 等，2010）。此外，光谷面向全球，引进顶尖大学并设立校区，积极推动合作办学。引进中国科学院创新资源，建设中国科学院大学武汉学院、中国地质大学（武汉）新校区。华中科技大学、武汉大学、武汉理工大学、华中农业大学等高校也纷纷在此建设分校（蒙婧，2014）。

深圳南山科技园于2001年投资建设，园区占地70.6万m^2，是集高新技术研发、高新技术企业孵化、创新人才吸纳与培育于一体的国家级大学科技园（衡涛等，2019）。园区汇聚了67所海内外著名院校的深圳虚拟大学园，截至2015年，培养硕士以上研究生55223人，引进博士后337名，累计孵化科技企业1599家，并搭建"深圳虚拟大学园重点实验室平台"，在深圳设立研发机构238家，为企业技术创新提供支撑（彭艳萍，2020）。园区周边布局了成熟完善的居住、商业、餐饮等配套，距园区5km以内的酒店有10余家，步行10～15分钟即可到达东海万豪广场和滨福广场的综合餐饮娱乐中心，步行15分钟亦可到达高新公寓、海怡东方、滨福世纪等居住区。

长三角科技城成立于2013年，位于上海市金山区枫泾镇与浙江省平湖市新埭镇的交界处，由张江国家自主创新示范区的张江金山园、张江平湖园共建，总规划面积87km^2（佚名，2015）。科技城按照"融合之城、创新之城、智慧之城、美丽之城"的规划理念，根据城市服务功能划分不同层级的公共设施及公共空间，构成各个组团发展的主题和成长核心，服务科技城发展。其中，城区层级从整个城市及片区需求结合周边关系统筹协调配置；园区层级从园区内基本生产生活需求结合现状需求进行综合设置；社区层级的公共服务设施，即综合的社区中心，它方便员工及居民基本生活需求（朱莹莹，2020）。此外，科技城位于沪浙交界处，1小时车程内聚集了复旦大学、交通大学、上海大学城、浙江大学等众多知名高校。打造产、学、研一条龙服务体系，布局创业苗圃、企业孵化器、企业加速器、特色产业园等创业扶持平台，以及高端人才公寓等配套设施（朱烈建等，2014）。

2020年7月，《国务院关于促进国家高新技术产业开发区高质量发展的若干意见》(国发〔2020〕7号)出台,为我国包括中关村科技园、张江高新区、深圳高新区、苏州工业园区在内的169家国家级高新区实现未来高质量发展指明方向(《科技中国》编辑部,2020)。意见指出,国家高新区应着力提升自主创新能力、集聚高端创新资源。通过支持设立分支机构、联合共建等方式,积极引入境内外高等学校、科研院所等创新资源。支持国家高新区以骨干企业为主体,联合高等学校、科研院所建设市场化运行的高水平实验设施、创新基地;与高等学校共建共管现代产业学院,培养高端人才。要加快产城融合发展,鼓励各类社会主体在国家高新区投资建设信息化等基础设施,加强与市政建设接轨,完善科研、教育、医疗、文化等公共服务设施,推进安全、绿色、智慧科技园区建设(胡晨,2020)。

然而,在规划和实践迅速发展的同时,对于实践案例的研究仍大多集中在对美国硅谷、英国剑桥高科技园区、日本筑波科学城、北京中关村、上海张江高科等经典园区发展的总结和对比上,对最新园区发展经验的研究还存在滞后和不足。陈翁翔和林喜庆(2009)从管理体制、融资机制、创新主体、创新协作机制、创新人才培养机制及创新文化氛围等6个方面对硅谷、新竹和筑波三种科技园区创新模式特征进行比较分析。钟之阳和蔡三发(2017)从创新生态系统理论角度比较了硅谷、筑波科学城和清华科技园创新生态系统发展模式及其影响因素。王剑等人(2016)以中关村、张江为例对国家自主创新示范区发展模式、示范效应和评价指标进行对比分析,并对全国自主创新区域发展提出建议。范超和赵彦云测度了2010—2015年中关村科技园高新技术企业创新效率的演化规律,研究不同因素对企业的影响程度以及影响机制的异质性。

2.4.2 杭州城西科创大走廊实践与研究

杭州城西科创大走廊是"互联网+"新经济下科创园区聚集地,依托经济效益、社区共生、自然景观和地方文脉的优质资源,汇集了大批以"阿里巴巴"总部园区、国家推广的特色小镇和"海创园"为代表的不同类型的新兴产业园区模式,是研究创新融合产业园区的重要研究范本。当前,对于大走廊的研究尚少,且相较于实践发展的速度来看是滞后的,主要集中在对大走廊现状资源和阶段性建设成果的梳理、对大走廊各类规划和政策的解读,以及对大走廊科创园区空间形态的研究。

对于大走廊资源现状的梳理分析,厉飞芹(2018)依据极化效应理论,从区位、生态、产业、人才、政策方面,分析大走廊产生创新极化效应的基础条件及存在问题。江佳遥等人(2019)从创新网络链接、交通网络互联、关键设施供给、生态文明发展、特色人文风貌彰显以及治理体系创新探索等方面探索大走廊创建国际化示范区的优势和短板。刘洪民等人（2018）分析了科创大走廊建设成为全球领先的信息经济科创中心的内部运行的优势、劣势，以及外部环境的机会、威胁，构建了定性的评价指标体系并进行了矩阵分析。

对于大走廊各类规划政策的解读，王镓利等人（2016）提出杭州城西科创大走廊建设背景意义，概括发展现状与目标定位。苏斯彬等人（2016）提出了大走廊引领浙江创新发展的政策建议。周晓光（2018）梳理了浙江省尤其是杭州市现有的高层次人才引进与管理政策，分析问题与不足并借鉴国内外成功经验，从人才引进和培育、人才使用、人才环境等方面提出大走廊高层次人才集聚的对策。

对于大走廊科创园区空间发展研究，吴越等人（2018，2020）和宋思远（2018）选取大走廊中阿里巴巴西溪园区、海创园首期与梦想小镇作为案例，分析3个园区空间形态特质，并总结三园区中对未来办公有积极意义的空间特质。此外，梳理了大走廊开放空间系统的现状格局，探讨开放空间系统与城市居民生活间的潜在规律（吴越 等，2020；夏明杰，2020）。解永庆（2018）提出大走廊区域创新网络一体化组织模式，并对不同类型创新单元功能内涵和建设方式提出建议。贾健苛和吴洲屹（2020）从创新主体、创新资源、创新机制、创新环境等方面对大走廊创新空间的发展活力进行评价。

综上所述，梳理当前科创园区实践案例"产城创"融合发展现状，分析各地经典案例和最新规划实践，"产城创"融合是发展趋势，虽已有了初步探索，但是相关系统研究仍不足。杭州城西科创大走廊作为研究对象，集聚了"产""城""创"三类要素，要素间高度混合，显现了"产城创"融合发展的趋势。以大走廊为对象，对科创园区"产城创"融合发展展开研究，这具有一定价值，并为国内类似发展背景和机遇下的科创园区实践与研究提供借鉴和参考。

2.5　文献研究述评与启示

本研究围绕"面向未来的新城园区在创新驱动和城市化转型新阶段应该如何发展"这一核心科学问题，对科创园区"产城创"融合发展相关研究问题、实践案例、数据方法等进行综述，引出研究主题（图2-1）。

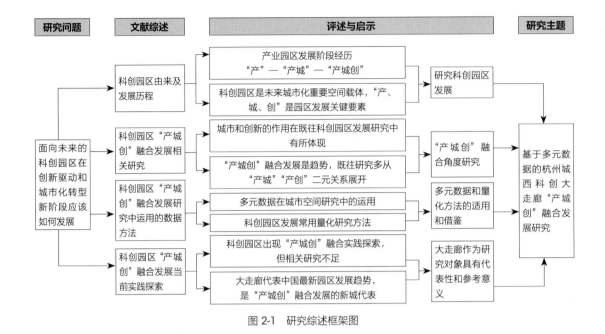

图 2-1 研究综述框架图

2.5.1 文献研究评述

1. 对科创园区由来及发展历程评述

通过对国内外科创园区由来和发展历程的梳理发现，产业园区发展与城市化趋势和产业化进程同步，经历了"产"—"产城"—"产城创"的发展阶段，出现了许多阶段性的理论研究与实践探索。科创园区的发展历程离不开"城"和"创"这两个关键要素的影响。科创园区是新时期创新驱动背景下城市化的重要空间载体，"产城创"融合已成为未来科创园区发展的重要趋势。

不足之处：既往对于新城产业园区在发展过程中出现的许多理论研究和实践，大多是在特定的城市发展阶段和社会经济环境下的探索，具有局限性。当前出现了一些科创园区"产城创"融合实践探索并取得了一定成效，但是对于这一面向未来的最新园区发展趋势的相关经验总结和理论研究仍不足。

因此，本研究探索未来城市化的重要空间载体——科创园区的发展问题，总结未来新城"产城创"融合发展的新鲜经验。

2. 对科创园区"产城创"融合发展相关研究的评述

关于科创园区发展研究主要集中在发展的机制路径、影响因素、评价指标以及空间规划布局等方面。其中，城市的功能布局、配套设施、生产生活环境以及创新机制、创新要素、创新环境的作用均有一定体现。

关于产城融合的研究多涉及产城、产创二元关系，包括产城融合、职住关系、产学合作等方面。对产城融合的研究从城市化和工业化的关系展开，并对内涵特征、发展路径、影响因素、评价体系等方面进行了系统研究。关于职住关系的研究多从城市发展角度，从职住空间、职住平衡测度、职住关系的影响因素和通勤交通等角度展开，进行职住关系理论与实证分析。关于科创园区产学合作的研究多从单一主体角度对合作模式、管理机制、影响因素等方面展开，并且提出了多项衡量高校和企业发展的指标。

在科创园区"产城创"融合发展的研究中，"城"和"创"与"产"的关系紧密，是伴随着园区发展演变历程、面向未来发展要求的关键要素。职住关系反映了城市空间布局的合理性、城市运行的效率以及城市主体"人"的行为活动舒适性，它是衡量"城"发展水平的重要指标；高校作为人才、技术、知识等创新资源的聚集地和策源地，它是衡量"创"发展水平的重要指标。这为本研究的指标选取提供了基础和参考。

不足之处：对于科创园区"产城创"融合的研究，鲜少关注到"产""城""创"三者之间的关系，相关研究大多仅从单一主体或二元主体之间的关系展开。在产城融合研究方面较少考虑"创新"要素；在职住关系研究中，大多也仅聚焦职住本身，鲜少与产业发展相关联。对产学合作的研究也多从定性层面展开，而定量层面对高校与企业关系的研究则不足。

因此，本研究综合关注"产""城""创"三者关系，从"产城创"融合角度研究科创园区的发展。并且，以科创企业发展反映"产"，以职住关系反映"城"，以高校创新力反映"创"，选择指标并展开研究。

3. 总结科创园区"产城创"融合发展相关研究中的数据方法

科创园区发展研究采用的数据类型包括：依托统计年鉴、实地调研、问卷访谈等方式获取，适用于静态对象或个体研究，以及数据规模小的传统数据，比如地形影像图、地理空间信息、交通路网、用地规划、人口经济统计数据等；依托遥感、互联网、传感器、手机等先进技术，适用于动态对象或时空行为研究，数据量较大的大数据，比如社交网络数据、POI兴趣点、手机信令数据、智能交通刷卡数据、物联网传感器数据等。多元数据综合了传统数据和大数据的优势，为研究提供了多层次的分析角度，在广度和深度上都能达到较好效果。

不足之处：既往研究在数据选择上大多采用单一数据类型展开研究，存在局限性。

科创园区发展的量化分析通常采用相关分析、典型相关分析、多元回归、岭回归、Logistic回归、偏最小二乘回归等统计学方法，适用于变量数量多、各变量内部高度线性相关、样本数较少的情况，为本研究提供借鉴。

不同数据或方法适用的研究范围不同，在具体研究中要具体分析。本研究在数据选择上，由于研究对象——杭州城西科创大走廊发展历史较短，224km^{2}研究范围较大且不是行政边界，由杭州市西湖区、余杭区、临安区三区分治等原因，行政口径的统计数据难以获取。因此，本研究通过文献整理、现场调研、深度访谈获取的传统数据，结合网络爬取、手机位置服务等手段获取的大数据等多元数据展开研究，为定性定量结合的研究提供条件。在方法选择上，除了案例研究、定性定量结合、GIS空间研究等方法外，采用统计学偏最小二乘回归研究"产""城""创"的关联性，相较于其他统计学方法，更适合解决本研究数据指标小样本、多变量、共线性的问题。

4. 对科创园区"产城创"融合发展实践总结评述

当前我国各地最新的科创园区规划和实践已出现了对"产城创"融合发展趋势的初步探索。大走廊作为研究对象，它经历了不同阶段、不同主体、不同规模、不同层级的发展，集聚并高度混合了"产""城""创"多要素，是科创园区"产城创"融合发展的范例样本。大走廊展现了不同于过往经典的高科技园区模式，在中国最新的园区发展实践中具备代表性和典型性。

不足之处：对于科创园区"产城创"融合发展相关研究仍聚焦于一些经典案例的分析和经验总结，对最新实践的关注和系统研究存在不足。此外，尚未能充分认识到大走廊对于未来科创园区和新城发展的重要性，且相关研究远滞后于实践发展速度。

因此，在创新驱动发展时期和城市化转型的关键阶段，迫切需要对代表中国最新园区发展趋势的实践展开研究。选择大走廊这一代表中国最新园区典型案例作为研究对象，研究科创园区"产城创"融合发展，这对未来国内类似发展背景和机遇下的新城园区规划实践具有一定的借鉴意义。

2.5.2 对本研究的启示

通过对国内外实践案例与相关文献的整理与探讨，深化了对科创园区"产城创"融合发展相关理论的理解。前人的研究基础展现了本研究作为学术热点问题所具有的价值，并且在对研究课题的认知、研究数据的获取和运用、指标变量的选择等方面提供了参考和借鉴。

（1）在研究课题的认知方面，科创园区逐步从单纯关注经济增长目标的单一传统产业园区向关注可持续综合发展目标的具备产业发展、科技研发、居住生活、配套服务、休闲娱乐等综合性城市职能的科创新城转变,其发展演变过程中的"产""城""创"是关键要素。"产城创"融合发展是未来新城园区发展的重要趋势,它为从"产城创"融合角度研究未来新城的发展提供了基础。

（2）在研究数据和方法的选择方面,多元数据为城市研究的多学科融合、多主体参与,以及空间评价和资源配置提供科学支撑;偏最小二乘回归法可解决本研究量化研究中数据指标多变量、共线性等问题。

（3）在指标选择方面,以职住关系反映"城",并通过职住平衡指数和职住通勤距离来衡量;以高校创新力反映"创",并为衡量指标选择提供参考依据。

2.6　研究思路与框架构建

2.6.1　研究思路

（1）研究从当前城市化进程和创新驱动发展背景出发,阐明科创园区在未来城市发展中的重要地位,提出"面向未来的新城园区在创新驱动和城市化转型新阶段应该如何发展"这一核心科学问题,以及研究假设并构建研究框架。

（2）在研究框架指导下,以杭州城西科创大走廊为研究区域,从"产城创"融合角度研究科创园区发展。一是对大走廊"产城创"融合发展阶段进行梳理,分析了空间特征并总结融合发展特征;二是对大走廊"产城创"融合发展关联性进行研究,依托多元数据选择指标,分析科创企业发展与职住关系、高校创新力的关联性;三是对大走廊代表性"阿里系"园区案例的科创企业发展、职住关系、园区与高校创新力融合发展三方面深入展开案例剖析,并进一步通过"产城创"融合实现新城的综合发展。

（3）对"产城创"融合发展模式进行总结,并对未来新城园区的发展提出建议。

2.6.2　研究框架

基于研究背景及文献综述的明确研究内容,并依托多元数据,从三个层面共八项具体内容构建研究解释性框架（图2-2）。

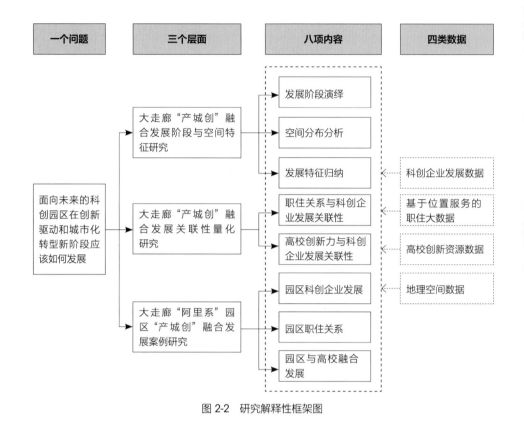

图 2-2　研究解释性框架图

2.7 本章小结

　　本章梳理了与科创园区"产城创"融合发展相关的研究，总结研究之不足以及对本研究的借鉴和启示。通过文献综述发现，产业园区的发展经历了一元"产"—二元"产城"—三元"产城创"的阶段，新时期科创园区已成为未来城市化的重要空间载体，"产""城""创"是园区发展的关键要素，"产城创"融合也是未来园区发展的重要趋势。然而，既往研究多从"产城""产创"关系展开，对科创园区"产城创"融合发展的相关研究不充分。同时，在实践方面虽然已出现一些"产城创"融合的探索，但是对当前创新驱动发展背景下的科创园区最新发展趋势和经验总结不足。由此，总结研究主题，梳理研究思路，并构建"一个问题、三个层面、八项内容、四类数据"的研究框架。

第 3 章

大走廊"产城创"融合发展
阶段与空间特征研究

本研究选取了代表我国最新科创园区发展趋势的杭州
城西科创大走廊为研究对象。通过搜集整理和实地调
研及访谈获取第一手资料，结合地理空间数据，从发
展阶段演绎、空间分布分析和发展特征归纳三方面，
以时间和空间两个维度分析大走廊"产城创"融合发
展，进而总结出"产城创"融合发展特征。

3.1 大走廊"产城创"融合发展阶段演绎

杭州城西板块的发展始于20世纪末期，它与以往的经规划后形成的园区不同。以往的新城规划大多以产业用地为主，基本是大园区、大板块，缺乏对混合用地的支持，职住等功能空间分离割裂。杭州城西科创大走廊的发展经历了从分散到集聚、从独立到贯通、从"产""城""创"要素逐步进入到彼此相互融合发展的过程（表3-1），可分为4个阶段，包括：以传统工业为主导的自发性独立组团阶段（1998—2007年）、以科技城为核心的产城一体发展加速阶段（2007—2011年）、以科技创新为重点的科创产业集聚区快速发展阶段（2011—2016年）、"产城创"融合发展的科创大走廊阶段（2016年至今）。

城西科创大走廊地区发展历史沿革   表 3-1

年份	大事记
2000	《杭州市城市总体规划（2001—2020年）》
2001	余杭撤市设区 临安经济开发区成立
2007	省科研机构创新基地落户临安经济开发区
2009	青山湖科技城成立
2010	海创园成立
2011	《杭州城西科创产业集聚区发展规划》
2013	未来科技城成立 阿里巴巴淘宝城建成
2014	梦想小镇建设
2015	杭州成为国务院批复的国家自主创新示范区
2016	《杭州城西科创大走廊规划》
2017	临安撤市建区 紫金港科技城建设启动 之江实验室成立 阿里巴巴达摩院成立

续表

年份	大事记
2018	《杭州市紫金港科技城西科园区块城市设计》 西湖大学创办
2019	地铁5号线通车 超重力实验室项目启动
2020	绕城高速西复线通车
2021	地铁3号线通车
......	

3.1.1 以传统产业为主导的独立组团发展起步阶段（2007年以前）

在大走廊发展起步阶段，杭州城西地区以传统工业主导下的乡镇企业工厂区和农民房居住区为主，在自发形成的临安东部产业组团、余杭居住组团基础上，受政策和规划支持又进一步形成了临安经济开发区和余杭组团，构成了独立组团分散布局的城市格局（图3-1）。本阶段传统产业发展刚刚起步，产城空间各自独立，创新主题尚未提出。

自中华人民共和国成立到20世纪末，杭州的城市发展主要围绕着西湖和钱塘江，城市建设经历了"临湖发展"—"临湖完善+背江拓展"—"沿江发展+跨江发展"阶段。20世纪50年代，依托西湖向北发展，以旅游、休养、文化为主，适当发展轻工业，建成临湖发展的风景城市。20世纪60年代，临湖完善与背江拓展并举，规划工业区，建设以重工业为基础的综合性工业城市；20世纪80年代，杭州确定

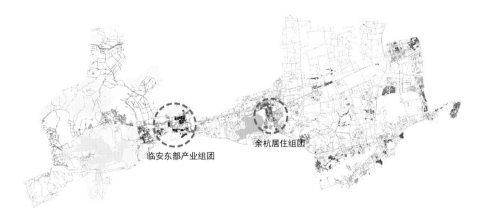

图 3-1 大走廊独立组团发展起步阶段格局图

为"浙江省省会、全国重点风景旅游城市和国家公布的历史文化名城",保护西湖、开辟钱江新区,回归风景旅游城市。20世纪末,沿江发展与跨江发展并举,建设长三角中心城市,形成"一个主城、两个副城、六个旅游区"的布局形态。而城西地区的发展相对缓慢,余杭、临安尚未纳入杭州市区行政范围。该地区以发展传统工业的乡镇企业为主,建设了杭钢、杭氧等一批工业企业,形成了临安东部产业组团。居住类型也多为农民房,并形成余杭居住组团。但是,各组团之间相互独立、分散布局。

2000年,杭州市委、市政府提出"城市东扩,旅游西进,沿江开发,跨江发展"和"工业兴市"战略。杭州的工业发展进入了高速增值时期,二产占比稳定在50%左右。在"旅游西进"的背景下,杭州城西地区的发展依托西溪湿地、和睦水乡、南湖、青山湖等生态本底,以旅游、工业制造、居住功能为主。

2001年9月,浙江省在临安东部产业组团的基础上,批准设立了临安省级经济开发区。开发区以装备制造业为主导产业,以承接杭资工业骨干企业的梯度转移为重点,建立了杭州制氧机集团、杭州叉车集团、西子奥的斯电梯有限公司等一批重点企业产业园。

同年,杭州市行政区划调整,余杭撤市设区,正式并入杭州市,杭州城市空间进一步扩大,形成"余杭组团"。《杭州市城市总体规划(2001—2020年)》提出了实施"南拓、北调、东扩、西优"的城市发展战略,采用点轴结合的拓展方式,从以旧城为核心的团块状布局转变为以钱塘江为轴线的跨江、沿江之网络化组团式布局,形成"一主三副、双心双轴、六大组团、六条生态带"的开放式空间结构(图3-2)。"一主三副"即主城和江南城、临平城、下沙城三个副城;"双心"是指湖滨、武林广场的旅游商业文化服务中心和临江地区钱塘江北岸的城市新中心、钱塘江南岸的城市商务中心;"双轴"是指东西向以钱塘江为轴线的城市生态轴和南北向以主城—江南城为轴线的城市发展轴;"六大组团",即余杭组团、良渚组团、瓶窑组团、义蓬组团、瓜沥组团和临浦组团;"六条生态带",即西南部生态带、西北部生态带、北部生态带、南部生态带、东南部生态带以及东部生态带。

其中,"六大组团"中的余杭组团由余杭居住组团发展而来,包括余杭镇、闲林镇(包括五常经济开发区)、仓前镇和中泰乡等三镇一乡,是杭州"旅游西进"的第一站,城市西部近郊的独特生态居住区和高教科研基地,也是早期城西地区未来科技城发展的前身。余杭组团初步集聚了以电子电器、新型建材、五金塑料、机械仪表等工业生产为主体的产业群,逐步从单一农业生产向"传统工业为主、一二三产并举"的转变,形成了以五常高新技术园区和龙谷高新园区为龙头,以余杭工业城为腹地,以闲林、仓前工业园区为两翼,以中泰工业园区为补

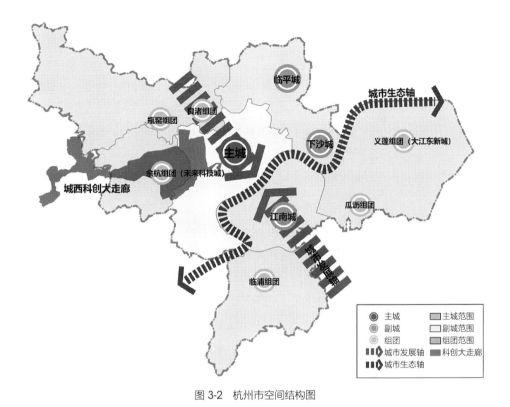

图 3-2　杭州市空间结构图

充的发展格局。组团内各乡镇自然形成，呈点状分布。其建设用地粗放，城镇建设还停留在农村集镇的建设模式，行政、教育、文化、体育等公共设施以及绿化和道路用地不足，尚未形成较好的城市空间格局。此外，凭借杭州近郊区位、交通便捷和生态环境优势，加上城西蒋村住宅区和桃花源别墅山庄成功开发的带动，余杭组团已成为房产开发的黄金区，该阶段已有30余家房地产商进驻，开发了约2万余亩的生态居住区。

　　本阶段为大走廊发展起步阶段，以传统产业为主导、各独立组团分散布局的发展格局形成。

3.1.2　以科技城为核心的产城一体发展加速阶段（2007—2011年）

　　在大走廊发展加速阶段，杭州城西地区的发展在临安经济开发区和余杭组团的基础上，形成了青山湖科技城和未来科技城（海创园）（图3-3）。此阶段大走廊的各项城市功能逐步完善，科创产业开始萌芽，且各类创新平台开始进驻，但区域内部发展仍处于各自独立状态。

　　2007—2009年间，浙江省科研机构创新基地落户临安经济开发区，临安科创

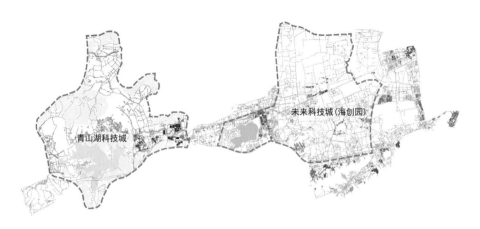

图 3-3　大走廊产城一体发展加速阶段格局图

中心升级为国家级孵化器，推动了青山湖科技城的成立。2009年，余杭组团管委会成立创新基地平台，统筹杭州城西片区的发展。2010年年初，在余杭区集中建设浙江海外高层次人才创新园，其定位为人才改革发展试验区和集聚海内外高层次人才的创业创新高地。同年，杭州入选国家创新型城市试点。2011年，杭州未来科技城（海创园）被评为国家级海外高层次人才创新创业基地，与北京、天津、武汉并列为全国四大未来科技城。

青山湖科技城的总规划面积为115km²，可分为研发区、产业化区、现代服务和综合生活配套区、生态休闲区四大功能区。研发区是大批科研机构和研发人才的集聚地；产业化区是产业和企业的集聚地；现代服务和综合生活配套区是企业总部、中介机构、现代服务业的集聚地；生态休闲区将围绕青山湖适度开发生态休闲旅游业。结合产业功能布局及空间特色，青山湖科技城对锦城、青山组团和高虹-横畈组团进行再定位，推动临安地区从单一的功能区向功能有机适度混合的城市空间转变，打造组合型城市格局，分为宜居生活城、创新科技城、高新产业城。其中，宜居生活城以苕溪为脉，完善锦城综合服务功能，强化城东片区和滨湖现代服务区的综合服务品质，为科技城提供优质服务；创新科技城以科研院所的集聚为依托，整合青山镇和开发区功能和空间布局，形成有机联系，并以创新产业为支撑的国内领先、国际一流的科技城；高新产业城整合高虹、横畈镇区产业和空间，形成居住集聚发展、产业规划经营的代行组团城市格局，为科技城高科技成果的产业化提供实践基地。在产业发展上，青山产业片区立足于临安经济开发区，以装备制造业为主并逐步引入电子信息产业；横畈产业片区以特色产品加工业为主，逐步引入电子信息产业、装备制造业；高虹产业片区以特色产品加工、块状地区产业为主。

杭州未来科技城于2011年正式独立挂牌并开始建设，规划区面积123.1km²。

科技城毗邻西溪国家湿地公园，属于杭州"一主三副六组团"城市空间格局中的余杭组团，建设范围包括余杭区下辖的仓前街道、五常街道、闲林街道、余杭街道、中泰街道共五个镇街。科技城定位于杭州市城市副中心，这里是高端人才集聚区、自主创新示范区，也是杭州城西重要的门户。2011年，未来科技城成为国家级海外高层次人才创新创业基地，与北京、天津、武汉并称为全国四大未来科技城。未来科技城以人性化的空间尺度满足市民生活的多样需求，它融合科研、管理、办公、生活居住、休闲娱乐等多样的功能需求，并激发城市活力。在产业发展上，它处于信息技术、生物医药等高新技术产业及现代服务业的起步与发展阶段。通过引导与转移机械、电子、五金、电器等规模小、分布散的传统产业，围绕电子信息、生物医药、新能源新材料、装备制造、金融中介及生产性服务业等门类，打造"2.5产业"集聚区。同时，积极吸引和支持海外高层次人才创新创业，着力打造人才集聚的科创新城。

这一阶段，杭州产业发展从以工业为主导的"二、三、一"产业结构向以服务经济为主导转变，这也对大走廊的产业结构调整和转型升级起到了推进作用。自2008年金融危机后，以工业为主的二产占比降到了杭州经济的1/3。2009年，杭州提出"服务业优先"的发展战略，消费性服务业不断扩大，生产性服务业快速成长，文化、房地产、金融、商贸、物流、中介等服务业的优势日益明显。

本阶段为大走廊发展的加速阶段，以各科技城的发展为主，"城"的功能被进一步开发，形成产城融合新格局。同时，创新开始萌芽，科创产业和各类创新平台机构进驻。

3.1.3　以创新为重点的科创产业集聚区快速发展阶段（2011—2016年）

在大走廊快速发展阶段，"创新"的地位日益凸显，杭州城西地区以发展科创产业为重点，集聚各类创新要素，依托余杭创新基地和青山湖科技城的发展，建设形成了城西科创产业集聚区（图3-4）。此阶段形成了产业层次高、城市功能优、创新能力强的产业集聚区，各类"产""城""创"要素开始汇聚，但尚未形成高度融合发展态势，且与主城区发展割裂。

2011年，杭州的城市发展进入了东拓西进新时期。浙江省在钱塘江沿岸的大江东区域规划布局专攻智能制造的杭州大江东产业集聚区，在余杭西部和临安东部布局主打科技创新的杭州城西科创产业集聚区。在"一东一西"两大战略平台的建设下，杭州形成了"东西并举、东部制造、西部创新"的空间格局。在浙江省布局建设的14个省级产业聚集区中，城西科创产业集聚区是唯一的以科创产业为特色的产业聚集区域。

图 3-4　大走廊科创产业集聚区快速发展阶段格局图

　　杭州城西科创产业集聚区包括青山湖科技城和未来科技城，由临安东部产业组团和余杭居住组团发展而来，形成"两核三点"的城镇布局。在"旅游西进""交通西进"后，"科技西进""文创西进"战略的提出为大走廊区域产业的升级和城市的发展注入了全新的活力。

　　在产业转型升级上，集聚区以高技术产业、先进制造业、现代服务业、休闲旅游、生态农业为重点，由"制造"转向"智造"，突出科研创新和文化创意特色，成为全省和全市科创转型发展的重要载体。重点发展研究与开发、电子商务、工业设计及文化创意、服务外包、物联网、孵化器、教育培训等知识型产业。围绕知识型产业，培育发展总部基地、高端商务服务、金融服务、健康服务等现代服务业和科技成果产业化延伸形成的新兴产业。余杭创新基地以高等教育、高档居住等为基础，重点发展研发服务、电子商务、工业设计等现代服务业；青山湖科技城集聚国内一流科研机构，发展高新技术研发和战略性新兴产业，同时引进了杭氧、杭叉、杭机、杭重等大型装备制造企业，带动了产业集聚区产业素质的迅速提升。

　　在城市空间发展上，集聚区划分为孵化服务、总部金融、高教研发、研发产业化、生活居住、城市配套、生态、预留发展区共八类功能区。以文一西路沿线的余杭镇区和青山湖街道为主要区块，重点建设大型购物中心、文化休闲娱乐设施等商业中心；以生态化、低碳化、低密度为导向，适度开发生态住区、低碳住宅与办公楼宇；建设适合年轻大学生、创业者居住生活的创业型公寓和保障房。余杭创新基地成为体现地方丰富人文内涵、适宜科技创新与人类居住、具有灵动艺术气质的城市示范区；青山湖科技城成为汇集高端人才、高端产业，集高品质生活和工作环境于一体的科创新城。

　　在创新平台汇聚上，集聚区积极对接杭州主城产业发展。余杭创新基地已有阿里巴巴、恒生电子等知名企业和研究机构入驻，青山湖科技城引进了国家海洋二所、国电机械设计研究院、中国蓝星杭州水处理技术研究开发中心等多家省部级科研院所。此外，集聚区紧邻浙江大学，这里集中了杭州师范大学、浙江理工大学科技与艺术学院、浙江农林大学、浙江省委党校等一大批高等院校，以及浙江省科研机构创新基地、杭州大学城和浙江海外高层次人才创新园（海创园）等重要的科研资源集聚载体，具有相当强的科研综合实力。

　　2012年，党的十八大提出"科技创新是提高社会生产力和综合国力的战略支撑"，明确了科技创新在发展中的核心位置。此后，2013年未来科技城开业，阿里巴巴西溪园区正式投入使用；2014年梦想小镇建设启动，杭州推出"发展信息经济，推动智慧应用"的"一号工程"，将经济发展重点转移到信息经济；2015年杭州建设国家自主创新示范区，在推进自主创新和高技术产业发展方面先行先试。杭州城西地区的创新能级不断提升，为下一步科创大走廊"产城创"融合发展提供良好的基础。

　　本阶段为大走廊快速发展阶段，以科创产业集聚区为载体，在产城一体基础上，强力注入"创新"要素，对地区产业转型升级和城市整体发展提出了新的目标和要求。

3.1.4　"产城创"融合发展的科创大走廊阶段（2016年至今）

　　在科创大走廊阶段，经历了过去3个阶段不同规模、层级和主体的开发，在城西科创产业集聚区基础上，形成了科创产业高速发展、城市多元功能空间混合、各类创新资源平台集聚的科创大走廊。该阶段"产""城""创"要素快速汇聚、高度融合，是极具活力的"产城创"融合发展的科创新城（图3-5）。

　　2016年，《杭州城西科创大走廊规划》发布，提出将城西科创产业集聚区在原有城市与产业的发展基础上升级重组，建设城西科创大走廊，打造成为全球领先的信息经济与科创中心。城西科创大走廊位于杭州主城西部，是浙江省创新资源最集中、打造创新战略平台最有力的地区，也是杭州市城市总体规划中确立的"六大城市副中心"之一。杭州在"十三五"规划中提出打造"一区、两廊、两带、两港、两特色"重大平台（图3-6）。其中，"一区"为国家自主创新示范区，城西科创大走廊作为"两廊"之一，与城东智造大走廊共同构建杭州区域经济新版图的双翼。

　　大走廊东起浙江大学紫金港校区，西至浙江农林大学，以东西向的文一西路为交通主轴线，长约33km，规划总面积约224km^2。2017年，临安撤市建区，

图 3-5　大走廊"产城创"融合发展的科创大走廊阶段格局图

图 3-6　杭州主城区域经济版图

紫金港科技城建设启动。同时，浙江提出谋划实施"大湾区"建设行动，以环杭州湾经济区为建设重点，构筑"一港两极三廊四区"空间格局，大力发展湾区经济。城西科创大走廊作为"三廊"之一，是大湾区建设的重要组成部分。至此，大走廊自东向西横跨西湖区、余杭区、临安区三个区共15个镇街，包含紫金港科技城、未来科技城、青山湖科技城，以及15个特色小镇的"一带、三城、多镇"

格局正式形成（图3-7）。

　　"一带"，即东西向联结了大走廊的主要科创节点，串联起生态、科创、产业、生活、文化空间，形成一条科技创新带、快速交通带、科创产业带、品质生活带和绿色生态带。"一带"是空间联结、产业联动、功能贯穿的主要轴线，也是创新节点功能溢出、生活服务共享的主要联系通道。

　　"三城"，即大走廊自东向西串联起紫金港科技城、未来科技城、青山湖科技城三大科技城。紫金港科技城位于大走廊的东首，集聚了浙江大学、西湖大学等高水平学术研究型高校，是国内顶尖的科研教学平台，是大走廊科技研发核心功能板块以及数字经济和新制造业"双引擎"发展示范样板区。未来科技城位于大走廊的中东部、杭宣铁路以南，集聚了之江实验室、湖畔创研中心、阿里巴巴达摩院等科创平台以及阿里巴巴西溪园区、海创园、梦想小镇等科创园区，是产业研发、生活配套融合的区域，已建成"产城创"融合的科创新城，是未来科技策源地、产业引领地和城市样板地。青山湖科技城位于科创大走廊西部，主要包含青山湖和横畈两个片区，其中青山湖片区主要提供科技研发、生活配套服务；横畈片区定位是科技成果产业化基地。

　　"多镇"，即科创大走廊沿线分布的具备不同功能的特色小镇和创新区块，它包括梦想小镇、淘宝小镇、紫金众创小镇、南湖小镇、云谷小镇、西溪谷互联网金融小镇、集贤小镇、云安小镇、绿色制造小镇、创投小镇、健康小镇、云制造小镇、颐养小镇、青山湖资本小镇、工创谷小镇共15个特色小镇，以及海创园、

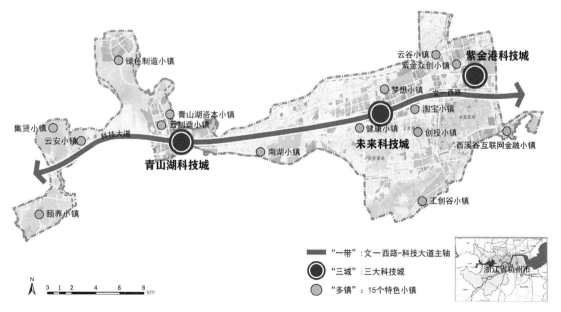

图 3-7　大走廊"一带三城多镇"空间布局图

跨境电子商务港、生物医药创新平台、西溪创意产业园等重要创新创业平台和载体。

　　根据《杭州城西科创大走廊总体空间规划》和现状空间分布特征，大走廊形成了功能鲜明、服务完善、集聚创新活动的31个组团化功能片区。片区主导功能分为中心片、科研片、高教片、产业片、居住片、综合片、休闲片等7种类型（图3-8和表3-2）。组团间以绿化通道、生态空间和快速路分割，规模为4～10km²。组团内部功能复合，各类面向主导功能的针对性服务设施聚集共享。

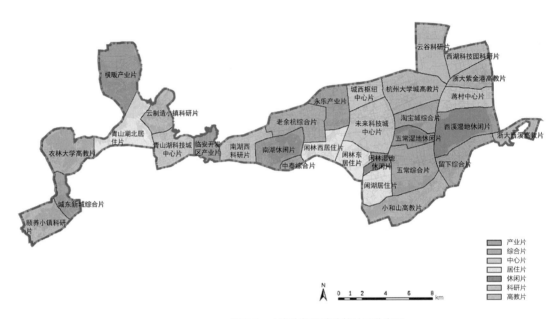

图 3-8　大走廊组团式功能片区分布图

组团式功能片区列表   表 3-2

类型	西湖区 紫金港科技城 （8个）	余杭区 未来科技城 （15个）	临安区 青山湖科技城 （8个）
中心片	蒋村中心片	城西枢纽中心片 未来科技城中心片	青山湖科技城中心片
科研片	西湖科技园科研片 云谷科研片	南湖西科研片	云制造小镇科研片 颐养小镇科研片
高教片	浙大西溪高教片 浙大紫金港高教片 小和山高教片	杭州大学城高教片	浙江农林大学高教片

续表

类型	西湖区 紫金港科技城 （8个）	余杭区 未来科技城 （15个）	临安区 青山湖科技城 （8个）
产业片		永乐产业片	临安开发区产业片 横畈产业片
居住片		闲湖居住片 闲林东居住片 闲林西居住片	青山湖北居住片
综合片	留下综合片	淘宝城综合片 五常综合片 老余杭综合片 中泰综合片	城东新城综合片
休闲片	西溪湿地休闲片	五常湿地休闲片 闲林湿地休闲片 南湖休闲片	

来源：杭州城西科创大走廊规划。

　　大走廊 "产城创" 的融合发展离不开浙江省、杭州市的城市发展规划和产业相关政策的驱动和支持。当前，杭州正全面推进数字产业化、产业数字化和城市数字化的协同融合发展，并着力打造全国数字经济第一城。2019年杭州的第三产业占比达到64.4%，杭州形成以互联网、云计算、大数据为代表的信息经济引领、服务业主导、先进制造业等高技术产业为支撑的现代产业体系。根据《2019城市数字发展指数报告》，杭州、上海总指数分列全国第一、第二名。21世纪经济研究院与阿里研究院共同发布《2019长三角数字经济指数报告》，杭州与上海共同组成数字经济发展第一梯队。杭州在2020年 "中国城市创新指数" 排名中位列全国前五，跻身全国创新创业 "第一方阵"。

　　要建设全国数字经济第一城就必须要强化大平台支撑，因此，主城区未来五年的发展方向将以 "东整、西优、南启、北建、中塑" 为重，加快建设标志性战略性大平台（图3-9）。其中 "西优" 指的就是城西地区，即优化城西科创大走廊的管理体制、创新资源与公共服务，加快科技重器建设，努力建成全球数字科创中心，并成为展示我国未来科技创新的重要窗口。这标志着大走廊从 "规划建设" 迈向 "全面优化" 发展新阶段。

　　同年，杭州市发改委颁布《杭州市产业发展导向目录与产业平台布局指引（2019年本）》，从战略作用、产业类型、发展空间、经济体量、区域分布等五个维度分析

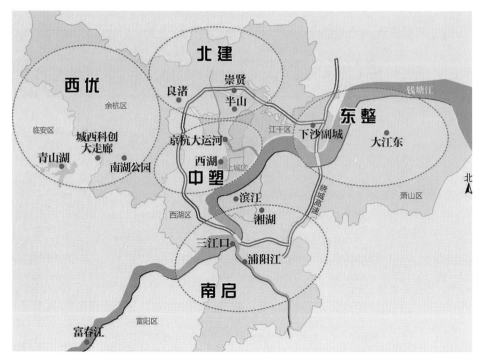

图 3-9　杭州主城区"东整、西优、南启、北建、中塑"大平台发展格局图
（来源：杭州市政府官网）

评价，梳理出35个产业平台，大走廊位列7个全市战略性主平台之一（表3-3）。

杭州产业发展战略性主平台　　　　　　　　表 3-3

序号	平台名称	功能定位	主导产业
1	钱塘新区	世界级智能制造产业集群、长三角地区产城融合发展示范区、全省标志性战略性改革开放大平台、杭州湾数字经济与高端制造融合创新发展示范区	生命健康、数字经济及智能制造装备业、汽车及零部件、新材料、航空航天产业、集成电路设计、制造、封装及材料业
2	杭州国家高新技术产业开发区（滨江）	具有全球影响力的"互联网+"创新创业中心	新一代信息技术产业：网络信息技术、先进装备制造、健康产业、人工智能产业、集成电路设计业
3	杭州城西科创大走廊	未来科技城		数字经济、生物经济、智能制造装备业、科技金融产业
		青山湖科技城	全球领先的信息经济科创中心、国际水准的创新共同体、国家级科技创新策源地、浙江创新发展的主引擎	集成电路设计与制造业、智能制造装备业
		紫金港科技城		数字经济核心产业（云计算与大数据、金融科技）、智能制造装备业、健康产业

序号	平台名称	功能定位	主导产业
4	萧山经济技术开发区	先进制造业集聚区、智能制造应用示范区	高端装备制造业（新能源汽车及零部件、工业机器人等）、健康产业、新一代信息技术产业、集成电路封装及材料业
5	杭州临空经济示范区核心区（杭州空港经济区）	高端临空产业集聚区、全国跨境电商先行区、全省生态智慧航空城	跨境电商产业、临空指向性产业
6	余杭经济技术开发区	国家级循环化改造重点支持园区、省级智能制造示范基地	高端装备制造业（智能加工装备）、健康产业、新材料产业
7	富阳经济技术开发区	省级转型升级先导区和示范区、杭州产业转移重要承载地	新一代信息技术产业（电气机械和通信器材制造）、高端装备制造业、生物医药

来源：《杭州市产业发展导向目录与产业平布局指引（2019年本）》。

本阶段是当前正在发生着的科创大走廊阶段。以城西科创大走廊为载体，在以往区域发展的基础上和政策规划的支持下，"产""城""创"要素快速汇聚、相互融合，形成1+1+1＞3的集聚效应和"产城创"融合发展趋势。

3.2　大走廊"产城创"融合空间分布分析

大走廊集聚了杭州的创新资源，经历了不同时期、不同规模、不同层级的政府规划、房地产开发、城中村自发嵌入的发展过程，形成了城市新旧空间融合、多种功能融合、不同类型产业园区并存、经济效益、社会和谐、生态保护共赢的"产城创"融合发展模式，其高度混合的城市空间为研究提供了丰富的样本。

3.2.1　科创园区空间

大走廊的产业园区根据产业类型、空间形态、建筑体量、功能业态等，可分为总部办公、科创孵化园、特色小镇、商务写字楼、研发智造园、传统工业园六种类型。根据大走廊科创产业体系，除传统工业园外，前五类都属于科创产业范畴，它涵盖了未来科创园区发展的技术研发、科技服务、中试生产、转型升级各环节。

其中，一是总部办公园区，以单一企业巨型实体新型办公园区阿里巴巴西溪园区为代表，指专为某一家企业总部服务的综合型园区空间，它是大走廊中具有代表性的办公空间类型，具有建筑体量巨大、多元功能集合的特点；二是科创孵化园区，以海创园为代表，指为科创企业的发展提供各类孵化平台和服务机构，并营造优质创新创业生态软环境的园区空间，它是大走廊中较为普遍的园区类型；三是特色小镇，以梦想小镇、紫金众创小镇为代表，是发源于浙江并在全国推广的园区模式。不同于行政区划单元和传统的产业区，特色小镇聚焦特色新兴产业，打造完整的产业链，是产业定位鲜明、人文底蕴浓厚、服务设施完善、生态环境优美的创新发展平台；四是商务写字楼，以欧美金融城为代表，它配备现代化设施的专业商用办公楼，是大走廊商务办公类型中的重要组成部分；五是研发智造园区，以杭叉、杭氧、万马集团为代表，它由传统工业制造转型升级为集科技研发和生产制造为一体的科创型智能制造园区；六是传统工业园区，以青山湖科技城横畈片区的传统制造业工厂为代表，既包括传统工业制造类型的园区空间，也包括与科创产业上下游产业链相关的生产厂房、车间等。

大走廊的科创园区空间分布呈现"大分散、小集聚、沿主轴线分布"的特点（图3-10、图3-11）。各类型园区在整体上分散布局，没有独立集中分布在某一孤立区域。但是，在小尺度上实现了局部的集聚，园区混合布局并形成具有规模的产业聚集区块。

西湖片区邻近杭州主城核心区，是紫金港科技城的所在区域，其科创园区的分布呈现环浙江大学和西溪湿地周边集聚的特点。其中，浙江大学玉泉校区和紫金港校区周边科创园区分布较为密集。浙江大学紫金港校区北部是以西湖科技园

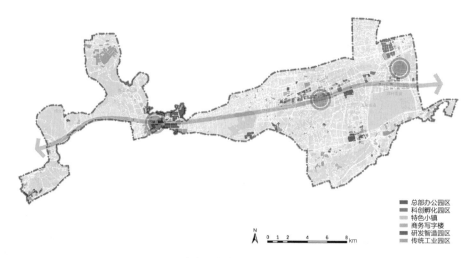

■ 总部办公园区
■ 科创孵化园区
■ 特色小镇
■ 商务写字楼
■ 研发智造园区
■ 传统工业园区

N   0 1 2   4   6   8
                        km

图 3-10   大走廊各类型产业园区用地分布图

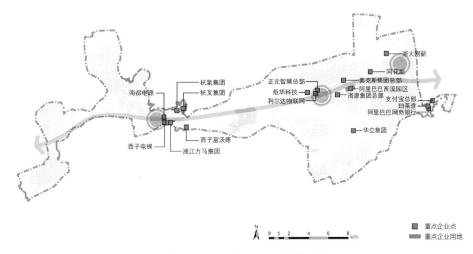

图 3-11 大走廊重点企业用地分布图

为代表的科创孵化园区和以紫金众创小镇为代表的特色小镇,该片区是紫金港科技城的前身,属于大走廊中的西湖科技园科研片功能组团。同时,浙江大学周边也分布着较多重点科创企业,如浙大网新、珀莱雅等。此外,大量科创园区和企业以西溪湿地为中心呈现带状分布,并与高等教育、生活服务、生态休闲等其他城市功能高度混合,如西溪湿地东侧拥有以浙大科技园为代表的科创孵化园区和江南布衣等企业,南侧集聚了支付宝总部、阿里巴巴网商银行等重点企业。

余杭片区位于大走廊中部,是未来科技城核心区的所在区域,其科创园区的分布呈现沿文一西路主轴线集聚的特点。作为浙江省唯一获批的全国首批双创示范基地和杭州市海归人才创新创业特区,未来科技城集聚全球创新要素,聚焦信息经济、健康医疗、智能制造、科技金融四大科创产业,是大走廊建设重点打造的核心区、示范区、引领区。未来科技城核心区的文一西路沿线聚集了大量以互联网、信息技术等科技服务经济为主的科创园区、企业和多元创新平台。这一带园区类型多样,主要为以阿里巴巴西溪园区为代表的总部办公、并以海创园为代表的科创孵化园、以梦想小镇为代表的特色小镇和大量的商务写字楼,并以适应科创企业创新创业特征,满足独角兽企业、中小型科创企业、初创企业、投资服务机构等不同创新主体的空间需求。同时,也拥有阿里巴巴总部、奥克斯集团总部、海康集团总部、正元智慧总部、炬华科技、利尔达物联网等重点科创企业。此外,在未来科技城南部的五常街道、闲林街道也分布着一些规模小、产业门类多、空间分散的传统制造工业园。

临安片区位于大走廊西部,是青山湖科技城核心区的所在区域,其产业园区分布集中在该片区东部的临安经济开发区和北部的横畈区块,呈现小尺度集聚、大尺度分散的空间分布特点。该片区的产业园区多服务于生产制造,以研发智造园和传统工业园为主,发展大型装备制造和集成电路产业。其中,临安经济开发区分布着众多由传统制造业向高端智能化转型升级的装备制造龙头企业,例如杭叉集团成为大走廊首家产值突破百亿元级工业企业,西子电梯、万马集团、杭氧股份等龙头企业积极推进智能化改造,以及南都电源、西子富沃德等。另外,积极引进高新产业项目,直接用于推动技术创新的生产制造环节,如易辰汽车、中电海康等企业。横畈区块则以发展传统产业的生产制造车间、科创企业的上下游配套企业生产空间以及中试生产园区为主,是大走廊科技成果的产业化基地。该区块依托当地资源优势,早期以竹业为主导,兴起一批中小型竹产品加工制造企业,而后随着大走廊产业布局的不断调整,一批以机械配件、零部件制造业为主的加工厂也发展起来。

3.2.2 居住区空间

大走廊现有居住区空间以房地产开发的居住社区和传统密集村落为主,从形态上主要包括别墅、多层住宅、中高层及高层住宅、低层老旧住宅及农民房四种类型(图3-12)。

西湖片区以多层和中高层住宅为主,多层住宅多分布于西溪湿地周边,中高层住宅集中在浙江大学紫金港校区西部和北部地区。余杭片区住宅集中分布在闲湖居住片、闲林东居住片、闲林西居住片、老余杭综合片和五常综合片。其中,未来科技城南部区域居住区以多层住宅为主,在核心区域以中高层及高层住宅为

图 3-12 大走廊各类型居住区用地分布图

主，还有少量别墅在西溪湿地西侧分散布局。此外，在大走廊北部科技大道沿线以及闲林街道北部地区零散分布了传统住区。临安片区青山湖科技城住宅集中于青山湖北居住片、青山湖科技城中心片西南部地区，以及城东新城综合片西北部地区。青山湖北居住片以密集分布的别墅区为主，其他片区也有少量的多层住宅和低层老旧住宅零散分布。

随着科创产业的发展，在未来科技城核心区的一些园区内部或附近也出现了为创新创业人员提供居住空间的单体居住建筑，例如恒生电商产业园区内的"拎包客青年创业公寓"、梦想小镇内的"YOU+国际青年公寓"、风尚智慧谷的"随寓青年公寓"和海创园旁边的"麦家公寓"等。

3.2.3　高等院校空间

高等院校作为创新经济的主体之一，也是集聚大量创新资源的高能级创新平台。以高校为核心的技术转化模式是推动创新浪潮蓬勃发展的重要动力，在城市和区域创新发展中承担着不可替代的驱动作用。杭州市过去一直受到优质高等教育资源不足的短板制约，与北京、上海、南京、武汉和西安等城市相比有较大差距。近年来，杭州市一直在大力发展高等教育，除了支持本地高校发展外，还引进建设一批国内外有重要影响力的高水平大学和科研院所。大走廊内聚集了以浙江大学为核心的一批不同类型的高校资源，成为创新创业发展的强劲原动力。

1. 高校分类

根据2011年联合国教科文组织《国际教育标准分类（ISCED）》以及2017年教育部《关于"十三五"时期高等学校设置工作的意见》，结合我国当前高等教育进入大众化阶段和社会人才结构的实际情况，将大走廊的高校分为3种类型（表3-4）：

Ⅰ类为学术研究型高校：以学习和研究基础学科及应用学科的理论科学为主，培养顶尖创新学术型人才。

Ⅱ类为专业应用型高校：以学习各行业的高新专业知识为主，将高科技转化为生产力，培养不同层次的应用型人才。

Ⅲ类为职业技能型高校：此类院校多为高职专科学校，主要培养在生产、管理、服务第一线从事具体工作的职业技术人才。

大走廊高等院校分类列表   表 3-4

分类	名称	属性
学术研究型 （3所）	浙江大学（玉泉校区）	"985""211""双一流"
	浙江大学（紫金港校区）	"985""211""双一流"
	西湖大学	私立研究型大学
专业应用型 （9所）	杭州电子科技大学信息工程学院	独立学院
	杭州师范大学（仓前校区）	公立大学
	杭州医学院（临安校区）	公立大学
	浙江工业大学（屏峰校区）	公立大学
	浙江科技学院（小和山校区）	公立大学
	浙江理工大学科技与艺术学院	独立学院
	浙江农林大学（东湖校区）	公立大学
	浙江外国语学院	公立大学
	浙江外国语学院涉外人才培训学院	独立学院
职业技能型 （9所）	杭州万向职业技术学院	高职高专
	杭州之江专修学院	高职高专
	新浪浙江新媒体学院	高职高专
	浙江东方职业技术学院绿康健康管理学院	高职高专
	浙江公路技师学院	技工学校
	浙江三联专修学院	高职高专
	浙江长征职业技术学院	高职高专
	浙江特殊教育职业学院	高职高专
	浙江广播电视大学（振华路校区）	省属现代远程开放大学； 职业教育

据统计，从数量上看，大走廊共有高等院校21所，高教创新资源丰富。其中，学术科研型高校数量较少，仅有浙江大学的两个校区和西湖大学；专业技能型高校9所，以省属高校的分校区和独立学院为主；职业技能型高校9所，缺乏应对科创产业发展的高端职业技能院校以及对高级技术技工人才的培养。

2. 高校分布特征

从分布上来看，高校大多分散布局于大走廊的边界地带，仅在小和山高教园区有集聚现象，呈现"边界高度分散、腹地尚为空白"的分布特点（图3-13）。

Ⅰ类学术研究型高校都位于紫金港科技城，包括浙江大学（浙江省唯一一所"双一流""211工程""985工程"大学）的紫金港校区和玉泉校区，以及云谷科研片的西湖大学。其中，浙江大学两个校区地处大走廊东部起点位置，在网络化创新系统中具有引擎作用，其强大的科研实力成为大走廊、杭州乃至浙江省最重要的创新原动力之一。西湖大学是一所社会力量举办、国家重点支持的新型研究型高等学校，聚焦基础前沿科学研究，致力尖端科技突破，注重学科交叉融合。

Ⅱ类专业应用型高校包括省属本科院校和独立学院，杭州电子科技大学信息工程学院、浙江农林大学和杭州医学院分散布局于青山湖科技城，浙江师范大学和浙江理工大学位于未来科技城杭州大学城高教片，其余都集聚在小和山高教片区。其中，浙江工业大学、浙江农林大学、杭州电子科技大学、杭州师范大学等高校，在智能制造、信息、生物等专业领域人才科研优势显著，对大走廊发展起到技术支撑作用。

Ⅲ类职业技能型高校以高职高专和技工学校为主，该类型高校分布较分散，但总体上仍是以未来科技城和紫金港科技城居多。

将科创企业和密度分布与高校的空间分布图进行叠加，观察二者在区位分布上的空间关系（图3-14）。可以看出：大走廊内科创企业集中分布的区域在地理区位上都与高校邻近，处于高校分布密集区或是顶尖高校的周边。例如，小和山高教片与留下综合片交界区的企业聚集点，它们毗邻小和山高教片的众多高校。而

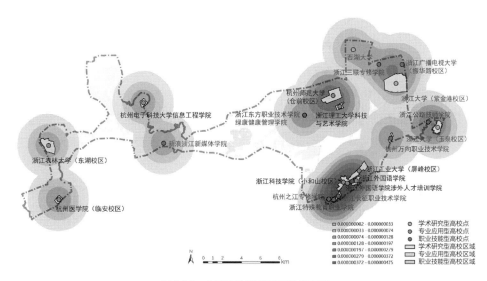

图 3-13　大走廊高等院校用地分布图

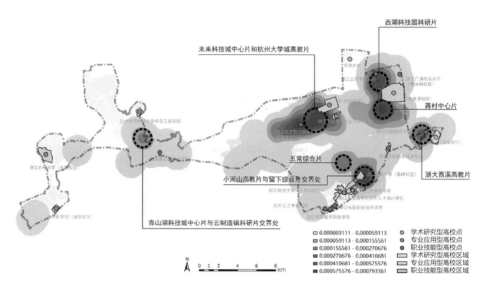

图 3-14　大走廊科创企业与高校空间分布图

浙江大学紫金港校区的周边则被一群科创企业围绕，尤其在西湖科技园科研片和蒋村中心片。

3.2.4　科研院所空间

　　大走廊区域内拥有国家第三批海外人才创业基地（浙江海外高层次人才创新园）和浙江省科研机构创新基地（青山湖科技城），集聚了一大批科研院所（图3-15），包括高校科学研发和国际合作创新机构、企业的创新研发中心和国家大科学实验室等创新空间，成为引领大走廊创新空间发展的重要载体和推动创新体系建设的主导力量。

　　各科研院所根据归属不同，可分为高校所属、企业所属、政府所属、多方共建机构四类。高校所属科研院所，指由各高等院校牵头创立的科技研发机构，其研究成果通常在某一领域内具有技术方法或理论上的创新性和前沿性，比如浙江大学国际创新研究院、杭州电子科技大学现代信息技术研究院、香港大学浙江科学技术研究院、中国地质大学浙江研究院、浙江西安交通大学研究院等。企业所属科研院所是指在企业内部成立的从事新技术、新产品、新工艺、新材料研发的机构，其研究成果多具有实践创新性并可直接用于企业生产和发展，比如阿里巴巴研究院、中国船舶重工集团第715所、中电海康磁旋存储芯片研发及中试基地、浙江省福斯特新材料研究院。政府所属科研院所是指由国家政府部门或相关

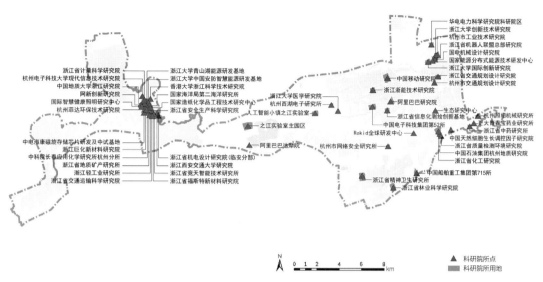

图 3-15　大走廊科研院所用地分布图

机构成立的研究机构,主要涉及与交通运输、电力、水利等基础设施建设相关行业,比如国家海洋局第二海洋研究所、浙江省交通运输科学研究院、杭州市网络安全研究所等。多方共建科研院所是指由产、学、研、政等多元主体中的两类或两类以上合作共同建立的研究机构,比如由浙江省人民政府、浙江大学、阿里巴巴共同举办的混合所有制新型研发机构之江实验室。

在空间分布上,大走廊科研机构主要集中在文一西路沿线、高校内部与周边,以及云制造小镇。其中,西湖片区主要集中在浙江大学的两个校区及其周边,以及西溪湿地南侧;余杭片区集中在未来科技城核心区的文一西路沿线,以企业所属机构为主;临安片区集中在青山湖科技城的云制造小镇,云制造小镇是青山湖科技城的核心创新载体,承载着香港大学浙江研究院等46家大院名校和企业研发中心。

3.2.5　综合交通体系

大走廊紧邻绕城高速,对外统筹高速公路、干线铁路、航空发展,以杭州城西综合交通枢纽为核心,形成对外"三纵三横一枢纽"、对内"四纵四横一主轴"、多方式立体衔接的综合交通布局,实现"15分钟进入高速网、30分钟到达杭州主城区中心、1小时通达杭州东站和萧山国际机场两大门户"的目标,促进了大走廊与杭州主城区之间的联系,也拉近了与长三角城市群的空间距离。

在"三纵三横一枢纽"中（图3-16），"三纵"是指杭州绕城高速公路西线、杭州绕城高速公路西复线、宣杭铁路—杭温铁路。"三横"是指杭长高速公路、杭徽高速公路、杭武铁路—沪乍杭铁路。"一枢纽"是指杭州城西综合交通枢纽，即在仓前北地区规划构建以铁路西站为核心，铁路、陆路、航空、水运等多种运输方式无缝对接的互通互联、高效一体、功能完备的综合交通枢纽。

杭州城西综合交通枢纽，东接沪杭城际铁路和沪乍杭铁路，南接杭义温和杭黄铁路，北接商合杭铁路，是温州沿海至南京合肥等地、城西地区与上海链接的新通道，也是杭州主城西部联系上海及浙西、浙南方向，并接入全国高铁网络的重要节点。高铁作为现代交通的主导力量，其集聚效应、同城效应、溢出效应对促进区域间资源要素的快速流动具有重要作用。

杭州西站作为纽带，可连通东西、沟通南北，是支撑高质量发展的新高地。从余杭看，西站将提升城市能级，成为全区对外开放的重大窗口。从全市看，西站是服务保障2022杭州亚运会的重要配套工程，并大大增强杭州都市圈对区域的辐射力与影响力。从长三角看，西站是面向长三角区域的重要门户，也是打造"轨道上的长三角"的节点工程，它将有力推动长三角一体化发展国家战略的实施。杭州西站对内与周边城市轨道交通、城市快速路、有轨电车、地面公交等多种运输方式有效衔接，包括衔接地铁3号线、地铁5号线和市域轨道临安线等轨道交通线路，并有效衔接东西大道、留祥路西延城市快速路以及文一西路、海曙路等区域骨干道路，实现与公路客运、地面公交、出租汽车等公共道路交通的零距离换乘。

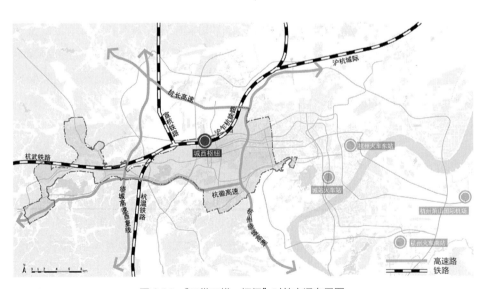

图 3-16 "三纵三横一枢纽"对外交通布局图

　　在"四纵四横一主轴"中（图3-17），"四纵"为良睦快速路、东西大道、235 国道、青山大道四大南北向快速通道；"四横"为02省道—天目山路、科技大道—文一西路、海曙路—余杭塘路、留祥路西延—留祥快速路，它们形成30分钟到达杭州主城区的快速通道；"一主轴"为东西向的快速骨干道路和轨道交通线路，包括地铁3号线、5号线，杭临城际轨道和留祥路西延—留祥快速路，文一西路—科技大道，它们共同构成城西科创大走廊联系主城区的快速主通道。对内交通以强化东西向融城交通联系为重点，通过完善骨架路网，支撑大走廊的带型空间互动。

　　大走廊与杭州主城区之间的联系通过秋石快速路、中河快速路、紫之隧道—彩虹快速路、德胜快速路—杭甬高速、杭州绕城高速等几条主要的快速通道，与杭州火车东站、城站火车站、杭州火车南站、杭州萧山国际机场等重要枢纽连接，实现城西地区与杭州重点地区及对外交通枢纽间快速联动，使得人们可以在30分钟内抵达杭州主城区，在60分钟内抵达杭州火车东站、萧山国际机场等重要交通枢纽（图3-18）。

　　大走廊与杭州周边城市以及长三角城市群其他城市之间通过高铁、城际轨道快线、城市轨道普网的有效衔接，形成与长三角主要城市、都市区内的城市1小时交通圈，在90分钟内抵达上海、南京等长三角核心城市，在150分钟内与长三角城市群、皖江城市群互联互通。利用沪杭高铁通道实现与浦东机场的1小时接驳，增强铁路西站与国际空港的联动服务，支撑大城西地区大量的国际出行需求。

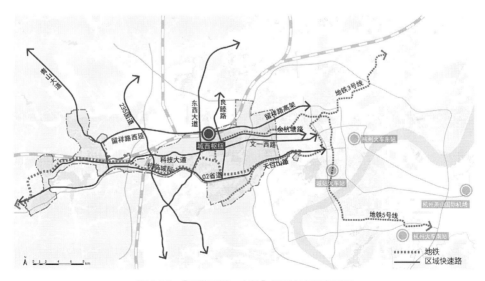

图 3-17　"四纵四横一主轴"的对内交通布局图

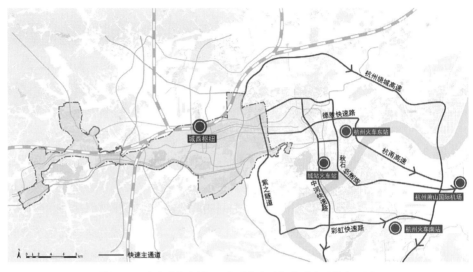

图 3-18   大走廊与主城区和门户枢纽之间快速主通道布局图

3.3 大走廊"产城创"融合发展特征归纳

大走廊是创新要素集聚、多元功能混合、多类型产业园区与社区并存，经济效益、社会和谐、文化传承与生态保护共赢的高度融合发展的新城空间，具有"混合性"和"创新性"两个特征。

3.3.1 混合性

大走廊混合性体现在其内部空间和建设时序上的多样性和复杂性，集聚了大量不同阶段、不同规模、不同类型的科创园区。同时，园区也与多种其他城市功能空间和创新平台是高度混合的。

（1）大走廊汇聚了不同时期、不同产业类型、不同空间形态和不同规模的多样产业园区，比如"互联网+"的世界巨头阿里巴巴的单一企业巨型实体新型办公园区、以海创园为代表的新兴中小企业的孵化空间、源自浙江受到国家推广的梦想小镇和紫金众创小镇为代表的15个特色小镇等。

（2）大走廊分布了不同主体开发下的居住区，比如房地产开发商住房小区、城中村自发嵌入、人才公寓等，以及商业、教育、医疗、文体、休闲等各种城市生活配套服务空间。大走廊云集了大量高等院校、科研机构、实验室、研究中心等科技创新平台,比如浙江大学、西湖大学、之江实验室、超重力实验室、阿里巴巴达摩院等。此外,西溪国家湿地、和睦水乡、南湖、青山湖等卓越的自然条件,老余杭仓前镇地方文脉为大走廊发展提供了生态和文化基底。

这种"时间"+"空间"的高度"混合性",促成了区域社会经济生态文化效益的共赢,也为大走廊科创园区"产城创"融合发展提供了基础。

3.3.2　创新性

大走廊创新性体现在长三角、浙江省、杭州市创新发展的角色定位,它以科创为主导产业,各类创新资源集聚在人才、技术、平台等三个方面。

(1)从发展定位上看,大走廊是杭州辐射长三角的重要支点,也是浙江省创新发展的主引擎、杭州国家自主创新示范区建设的重要抓手。大走廊所在的杭州市,是长三角城市群重要的增长极,也是长三角空间格局中的沪宁合杭甬发展带和沪杭金发展带上的关键节点、杭州都市圈的中心城市,以及G60科创走廊上的重要极核。作为浙江省内首个以科创产业为核心的产业集聚区,大走廊是浙江经济新的增长极,也是引领浙江省内其他城市创新发展、助力杭州争创全国数字经济第一城的主引擎,更是向全省、全国乃至全世界展示杭州市创新创业成绩的"主窗口"。

(2)从主导产业上看,大走廊主攻未来网络、大数据云计算、电子商务、物联网、集成电路、数字安防、软件信息等先发优势明显且代表未来方向的产业,形成新一代信息技术产业集群。同时,强攻人工智能、生命科学、新材料、新能源汽车、新金融、科技服务等优势明显的中高端产业,促进产业与智慧化深入融合,形成"信息经济+高端服务业+智能制造业"的科创大走廊产业新体系。

(3)从创新资源汇聚上看,大走廊作为浙江省"面向未来、决胜未来"的重大战略平台,它有效串联起三大科技城创新基地,集聚了特色小镇、科创孵化园区、高等院校、科研院所、科创企业等创新创业平台和卓越的创新生态,推动全省创新资源的高度集聚、深度融合,成为国际水准的创新共同体、国家级科技创新策源地、浙江创新发展的主引擎和杭州市创新资源的集聚地。目前,区域内已集聚国家重点实验室12家,占全省总数的80%。科研院所61家,院士工作站19家,博士后工作站22家。建成了全省首批国家海外人才离岸创新创业基地和国际人才创新创业园。大走廊卓越的创新生态为企业发展提供了肥沃的土壤。随着"打造综合性国家科学中心和区域性创新高地"的大走廊新定位被写入浙江省"十四五"规划,这条创新引领、产业发达、功能完善的科创生态廊道迎来新机遇。

3.4 本章小结

本章研究了杭州城西科创大走廊"产城创"融合发展阶段与空间特征。大走廊是建设杭州国家自主创新示范区、引领浙江省创新发展，以及杭州辐射长三角地区的重要创新策源地，受到杭州城市空间和产业布局演变的驱动，以及该地区先后经历的多次不同时段、不同规模、不同层级政府规划、房地产商开发和城中村自发性嵌入的开发，已逐渐形成了高度混合的土地利用模式，并吸引大量创新资源汇聚，成为具备"混合性"和"创新性"的"产城创"融合发展、创新创业活跃的科创新城，为"产城创"融合发展研究提供了特质性研究案例范本。

本章从大走廊"产城创"融合发展的阶段演绎、空间分布分析、发展特征归纳3个层面展开工作。首先，研究了大走廊"产城创"融合发展的4个阶段，包括：以传统工业为主导的自发性独立组团阶段、以科技城为核心的产城一体发展加速阶段、以科技创新为重点的科创产业集聚区快速发展阶段、"产城创"融合发展的科创大走廊阶段。重点分析了各阶段大走廊"产""城""创"发展的空间分布、要素进入时序和发展状况，以及发展背后的驱动因素等方面。其次，从科创园区、居住区、高等院校、科研院所以及交通体系对"产城创"融合的空间分布特征展开分析。最后，基于发展阶段的演绎和空间分布特征的分析，归纳总结了大走廊"产城创"融合发展的特征，即"混合性"和"创新性"，并对这两个特征的具体体现之处展开分析。

本章是对大走廊整体"产城创"融合发展进行的研究，总结归纳了"产城创"融合发展的特征，为后续研究奠定基础。

第4章

大走廊"产城创"融合发展关联性量化研究

职住关系反映了城市土地利用和功能布局的混合、城市运行效率、人口行为活动等情形，它关注城市的发展质量，也是衡量"城"的重要指标。高校是技术、人才、知识等各类创新要素的策源地和集聚平台，是创新系统中的关键要素。高校创新力是衡量创新性的重要指标。本章运用偏最小二乘统计学量化研究方法，通过对职住关系与科创企业发展关联性、高校创新力与科创企业发展关联性的分析，展开大走廊科创园区"产城创"融合发展量化研究。

4.1 研究概述

　　本章在对大走廊区域整体发展现状认知和分析的基础上，运用科创企业发展数据、基于位置服务的职住大数据和高校创新资源数据等多元数据，采用偏最小二乘回归方法和ArcGIS平台分析工具，并通过量化分析职住关系以及高校创新力与科创企业发展的关联性，由此研究"产城创"融合关系。

　　对于职住关系与科创企业发展关联性研究：首先，获取基于位置服务的职住大数据和科创企业发展数据，用于计算职住关系指标和科创企业发展指标；其次，从职住平衡指数和通勤距离两个方面选择衡量职住关系的4项指标作为自变量，从科创企业的聚集程度、发展规模、创新能力、经营状况、综合实力五方面选择衡量科创企业发展的10项指标作为因变量；再次，对大走廊整体和各个功能组团片区的职住关系指标进行分析，并运用ArcGIS核密度工具观察各项指标在大走廊的分布状况；最后，运用偏最小二乘回归分析自变量与因变量之间的关联性。

　　对于高校创新力与科创企业发展关联性研究：首先，获取大走廊内各个高校创新资源数据，用于计算各高校创新力指标；其次，对大走廊内的高校进行分类，分析各类高校和科创企业空间分布特征以及二者在空间分布上的关系；再次，从高校的师资队伍、人才培养、科研实力、学术影响、产学合作五方面选择17项衡量高校创新力指标作为自变量，对各高校的创新资源能级进行对比分析。从科创企业的聚集程度、发展规模、创新能力、经营状况、综合实力五方面选择衡量科创企业发展的10项指标作为因变量，并运用偏最小二乘回归分析高校创新力指标和科创企业发展指标的关联性；最后，从高校创新力指标和科创企业发展指标中分别选择关联性显著的指标，作为新的自变量和因变量，进一步研究不同类型高校创新力与科创企业发展之间的关联性。

4.2　研究数据

4.2.1　科创企业发展数据

1.　指标选择依据

创新能力的提升、人才资源的积累、经济效益的持续增长是科创企业发展的重要表现。根据《高新技术企业认定管理办法》(国科发火〔2016〕32号),知识产权和科技成果转化能力是衡量企业创新能力的重要指标。学者们大多将专利申请情况,特别是创新专利和实用新型专利的申请情况作为科技创新的评价标准(安小桐 等,2016;李晓壮,2009)。此外,根据《中小企业划型标准规定》(工信部联企业〔2011〕300号),企业规模按员工人数、总资产、营业收入进行分类。

2.　数据采集

本研究通过全国企业信用信息公示系统的工商信息查询平台企查查、天眼查、启信宝获取企业发展数据,具体过程如下:

第一步:确定范围,收集企业数据。利用企查查平台的地图查询功能,首先在地图上绘制若干个圆,以确保这些圆完全覆盖大走廊的范围。其次,收集每个圆圈中各企业名称、坐标、行业类型、人员规模、参保人数、知识产权数、专利数、科创总含量、资产总额、营业收入等信息。删除重复企业后,汇总生成企业信息表。

第二步:根据企业坐标、行业类型,筛除不符合条件企业数据。首先根据企业坐标,将企业数据导入ArcGIS中,每个企业可视为一个点元素,删除超出大走廊边界范围的企业。其次根据企业的行业类型以及大走廊规划中确定的科创产业类型,删除非科创产业企业。

第三步:补充企业数据信息。根据企业名称,在天眼查平台中收集企业的综合评分,在启信宝平台中收集企业的平均工资。此外,对其他指标中的缺失数据进行查漏补缺,完善企业数据。

3.　数据结果和指标确定

经采集共获取大走廊16504家科创企业数据,其内容包括与科创企业发展相关的聚集程度、发展规模、创新水平、经营状况、综合实力共五方面的指标。其中,人员规模和参保人数反映了企业的发展规模;知识产权数量、专利数量和科创总含量反映了企业科技创新水平；资产总额、营业收入、平均工资反映企业财务经营状况；综合评分反映了企业的综合发展水平。科创企业发展指标见表4-1。

科创企业发展指标列表   表 4-1

分类	因变量	指标	指标说明
聚集程度	Y_1	企业密度	单位面积科创企业分布数量
发展规模	Y_2	人员规模	科创企业的员工总人数，包括正式员工、临时员工和其他员工人数
	Y_3	参保人数	科创企业缴纳社保的员工人数
创新能力	Y_4	企业知识产权数	科创企业的知识产权数量，包括企业的各种智力创造，比如发明、外观设计、软件著作权、作品著作权、专利等，以及在商业中使用的标志、名称、图像等的总数
	Y_5	企业专利数	科创企业的专利数量，它是知识产权的一种
	Y_6	企业科创总含量	科创企业科创总含量指标由企查查平台发布，根据企业发明出版专利、发明授权专利、实用新型专利、软件著作权、外观设计专利五项知识产权进行转换
经营状况	Y_7	资产总额	科创企业拥有或控制的全部资产，这些资产包括流动资产、长期投资、固定资产、无形及递延资产、其他长期资产等
	Y_8	营业收入	科创企业在从事销售商品或提供劳务等日常经营业务过程中所获得的货币总收入
	Y_9	平均工资	科创企业员工平均工资
综合实力	Y_{10}	综合评分	科创企业综合评分，该指标由天眼查平台发布，涉及企业公开信息的300多个维度，与企业本身注册资本、行业特点和市场竞争均有关。评分以百分比形式给出，评分越高，表明该企业综合实力越高

4.2.2 基于位置服务的职住大数据

1. LBS数据采集

基于位置服务（Location-based Service，LBS）是指通过电信移动运营商的无线电通信网络或外部定位方式，获取移动终端用户的位置信息（Yus et al.，2013），并在ArcGIS平台的支持下，为用户提供相应服务。LBS数据作为大数据的一种，被广泛应用于地理信息和位置服务的相关研究中（Cieptuch et al.，2011）。该数据包含两层含义：一是识别移动设备或用户的地理位置；二是提供位置相关的信息服务。

在本研究中，职住关系数据包括了员工总数、居民总数、职且住人数（工作和居住均在大走廊内部的总人数，这部分人群可被视为在大走廊内部实现了职住平衡的人群）、通勤距离等，它反映了一个地区职住人口、职住地分布，以及职住地之间的联系，为职住关系指标的计算提供了基础。研究中运用到的LBS数据来源于一家提供专业大数据服务的公司Ground Truth，该公司与多家常用移动应用程序和网络公司建立了广告投放合作，目前可在15万个应用上投放广告。通过收集移动终端设备在一定时间和地点范围内的位置数据，推断并识别出大走廊内部每一位就业者和居住者的工作地和居住地（图4-1）。

LBS数据获取过程如下：

第一步：数据采集。确定各个科创园区和居住区的用地范围以及地理坐标，并将该公司广告投放在微博、微信等常用手机应用中。一旦目标人群进入工作区或居住区范围并打开这些手机应用，在应用中投放的广告窗口就会弹出。此时，后台程序会记录下该用户手机的国际移动设备识别码（International Mobile Equipment Identity，IMEI）和他们所在园区或居住区的位置。

第二步：数据筛除。分别筛选所有日间（7：00—21：00）出现在工作地和夜间（21：00—7：00）出现在居住地的数据信息，并根据手机设备识别码删除重复的设备信息。

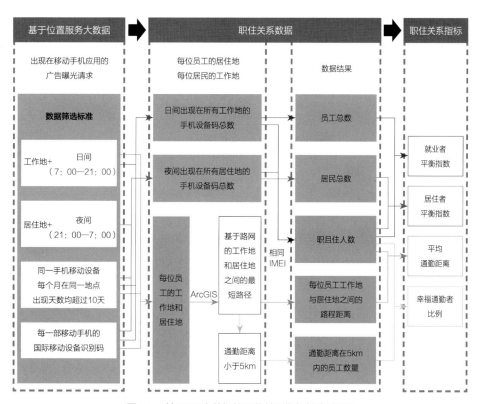

图 4-1　基于LBS大数据的职住关系指标推演过程图

第三步：识别居住地和工作地。如果在数据采集的3个月期间（2019年3—5月），同一部手机移动设备在同一个园区或居民区每个月出现均超过10天，则将此地点视为该手机用户的工作地或居住地。

第四步：数据结果统计与计算。由于手机设备识别码具有唯一性，通过将工作地和居住地出现的识别码进行匹配，可确定每部手机用户的工作地和居住地：如果在工作地和居住地出现了相同识别码，该用户可被认定为职且住人群；如果识别码仅出现在园区，该用户可被认定为在大走廊内部工作、外部居住的员工；如果识别码仅出现在居住区，该用户可被认定为在大走廊内部居住、外部工作的居民。由此，可获得每个园区的员工总数、每个居住区的居民总数，以及职且住总人数。同时，借助ArcGIS平台，将职且住人群的工作地和居住地通过路网联系起来，计算出通勤距离。

假设一个移动设备代表一个人，通过LBS大数据采集，共得到24563个员工出现在工作地、93449个员工出现在居住地、12032个员工工作和居住均在大走廊内。这些数据可以用来计算与职住关系相关的指标。

2. 职住关系指标确定

以往研究大多从职住者人口、职住地土地利用、交通与通勤等方面来衡量职住关系。常用的指标包括职住比、职住平衡指数、通勤距离和通勤时间（朱娟 等，2020）。本研究参考Ewing等人（2004）提出的描述职住平衡比率的指标，计算反映职住实质上平衡程度的"职住平衡指数"（Jobs-housing Balance Index）。不同于"职住比"（Jobs-housing Ratio）仅关注职住在数量上是否平衡，它忽略了居住人口在区域外就业或就业人口在区域外居住的情况。而"职住平衡指数"则关注职住的实际匹配程度，能够较真实地反映职住平衡的实际质量水平。"职住平衡指数"即在特定地域范围内就业并居住的人口数量所占比重，包括"就业者平衡指数"（Employee Balance Index，即本区域就业者中有多少比例在区域内居住）和"居住者平衡指数"（Resident Balance Index，即在本区域居民中有多少比例在区域内就业）。"就业者平衡指数"和"居住者平衡指数"可根据LBS大数据所采集的员工和居民人口数来计算。指数越趋近于1，职住平衡程度越高，居住和就业之间的分离程度越低。

就业者平衡指数 $JHBR_{J,i}$ 计算：

$$JHBR_{J,i} = \frac{MATCH_i}{J_i}$$

式中　$JHBR_{J,i}$——地区 i 的就业者平衡指数；

　　　$MATCH_i$——工作和居住均在地区 i 的人数；

J_i——在地区i工作的总人数。

居住者平衡指数$JHBR_{H,i}$计算：

$$JHBR_{H,i} = \frac{MATCH_i}{H_i}$$

式中　$JHBR_{H,i}$——地区i的居住者平衡指数；

　　　H_i——在地区i居住的总人数。

本研究以大走廊全域范围为对象，将LBS大数据采集的员工和居民人数代入以上公式，可计算出大走廊整体的就业者平衡指数和居住者平衡指数。

根据LBS大数据获取的员工工作地和居住地信息，运用ArcGIS结合现状路网，可计算出工作地与居住地之间的通勤距离。本研究选择了幸福通勤者比例作为衡量职住关系的指标之一，即通勤距离在5km以内的员工占所有职且住员工的比例。2020年住房和城乡建设部发布的《2020年度全国主要城市通勤监测报告》指出：以通勤距离小于5km的通勤人口比重作为衡量城市职住平衡和通勤幸福的指标。房地产研究平台贝壳研究院将职住距离小于5km作为幸福通勤的标准，并以5km为半径画出"幸福通勤圈"的范围。5km内通勤距离，意味着居民能够拥有合理可控的通勤时间和多样的交通出行方式，除公共交通和私家车外，也可采用步行、自行车等非机动车方式上下班，它可带来幸福的通勤体验。5km内通勤者的比例越高，拥有幸福通勤体验的人口越多，这也将有利于实现职住平衡和绿色出行。

因此，本研究选取了就业者平衡指数、居住者平衡指数、平均通勤距离和幸福通勤者比例作为衡量职住关系的4项指标，并将其作为自变量进行回归分析（表4-2）。

职住关系指标列表　　　　　　　　　　　　表 4-2

分类	自变量	指标	指标说明
职住平衡指数	X_1	就业者平衡指数	在大走廊内工作和居住的职且住人数占大走廊所有员工人数的比例
	X_2	居住者平衡指数	在大走廊内工作和居住的职且住人数占大走廊所有居民人数的比例
通勤距离	X_3	平均通勤距离	在大走廊内工作和居住的职且住人数的平均通勤距离
	X_4	幸福通勤者比例	通勤距离在5km以内的员工占居住在大走廊所有员工的比例

4.2.3　高校创新资源数据

1.　指标选择依据

教育部于2019年针对全国全日制普通本科高校、高职专科院校和独立学院开展普通高校创新调查工作，其调查内容为创新人才培养情况、师资队伍与社会服务、产学合作科研创新以及创新技术转移与成果转化情况。本研究据此从师资队伍、人才培养、科研实力、学术影响、产学合作五个方面选择17项指标反映高校创新力，具体指标见表4-3。

2.　数据来源和指标确定

本研究收集了大走廊内21所高校的创新资源数据，数据来源包括教育部科学技术司汇编的《高等学校科技统计资料汇编》，各高校就业指导中心公布的《2019年毕业生就业质量年度报告》《2019年高等职业教育质量年度报告》，万方数据知识服务平台机构分析以及各学校官方网站信息。

大走廊地区分布的高校包括高校总体和分校区两种形式。对于高校总体，本研究统计的是高校所有院系的创新资源数据总和；对于分校区，本研究统计的是位于该校区内各院系的创新资源数据总和。分校区直属本校，分布了本校的一部分院系，由本校直接管理、负责，其教学和管理都纳入统一考核。对于分校区中各院系创新资源数据的统计，可在一定程度上反映出高校在该分校区的创新力。

大走廊地区高校中的分校区主要为学术研究型和专业应用型高校，在创新能力上相对有更高的水平。在院系分布上，大走廊各分校区内院系也具备较强的创新能力，如浙江大学紫金港校区分布了生命科学学院、生物系统工程与食品科学学院、环境与资源学院等院系，浙江大学玉泉校区分布了信息与电子工程学院、计算机科学与技术学院、能源工程学院、光电科学与工程学院、航空航天学院等院系；浙江工业大学屏峰校区分布了计算机科学与技术学院、信息工程学院等院系。

高校创新力指标列表　　　　　表 4-3

分类	自变量	指标	指标说明
师资队伍	X_1	教职工人数	指在高校工作并由学校支付工资的教职工人数，包括校本部教职工、科研机构人员、校办企业职工、其他附设机构人员总人数
	X_2	高级职称人数	指高等学校在册教职工中获得副高级和正高级及以上职称的人数
	X_3	教学科研人数	指高等学校在册职工在统计年度内，从事大专以上教学、研究与发展、研究与发展成果应用及科技服务工作人员以及直接为上述工作服务的人员，包括统计年度内从事科研活动累计工作时间1个月以上的外籍和高教系统以外的专家和访问学者总人数

分类	自变量	指标	指标说明
师资队伍	X_4	研究发展人数	指统计年度内,从事研究与发展工作时间占本人教学、科研总时间10%以上的教学与科研人员总人数
人才培养	X_5	毕业生人数	指统计年度内,高校毕业的学生总人数
	X_6	科创行业从业者人数	指统计年度内,毕业生中从事科创行业的从业者人数
科研实力	X_7	高校知识产权数	根据《高等学校知识产权保护管理规定》,指依照国家法律、法规规定或者依法由合同约定由高等学校享有或持有的知识产权的数量,包括专利权、商标权、技术秘密和商业秘密、著作权及其邻接权、高等学校的校标和各种服务标记及其他知识产权
	X_8	高校专利数	指高等学校享有或持有的专利数量,是发明专利申请量、实用新型专利申请量和外观设计专利申请量之和,是反映创新能力和技术发展活动活跃程度的重要指标
	X_9	科技成果数	指对某一科学技术研究课题,通过观察实验、研究试制或辩证思维活动取得的具有一定学术意义或实用意义的结果的总数
	X_{10}	科技课题数	科技成果按其研究性质分为基础研究成果、应用研究成果和发展工作成果
	X_{11}	期刊论文数	指统计年度内,以高校作为作者第一单位在国内外各类期刊发表的论文总数
	X_{12}	高校科创总含量	该指标根据发明出版专利、发明授权专利、实用新型专利、软件著作权、外观设计专利5项知识产权进行转换
	X_{13}	科研经费投入	指统计年度内,高校用于基础研究、应用研究和试验发展的经费,包括用于研究与试验发展活动的人员劳务费、原材料费、固定资产购建费、管理费及其他费用
学术影响	X_{14}	论文被引量	指某一主题词的文献被引用的总次数
	X_{15}	篇均被引量	指平均每篇文献被引用的次数
产学合作	X_{16}	投资企业数	指高校以促进人才培养、科学研究及科技成果转化与产业化、社会服务和确保国有资产保值增值等为目的,利用货币资金、实物资产和无形资产等国有资产对外进行投资的企业数量
	X_{17}	控股企业数	指由高校对外投资并通过持有某企业一定数量的股份对其行控制的企业数量

4.2.4　地理空间数据

地理空间数据指的是与大走廊物质空间形态相关的地理信息，数据来源于杭州市和杭州城西科创大走廊历年土地利用规划、路网规划、各高校规划图等资料。本章节研究运用到的地理空间数据主要包括大走廊现状土地利用图及路网数据。

通过现状土地利用可确定各类型园区、居住区、高校的地理位置和范围，为观察科创园区与居住区、科创园区与高校之间的空间关系提供基础。通过各园区地理范围可对企业数据进行筛选，从而筛出科创园区从事科创产业的企业数据。结合大走廊的路网数据，可以将LBS大数据所得结果转化计算出与通勤距离相关的职住关系指标，为进一步分析职住关系与科创企业发展的相关性提供了空间和数据基础。通过各高校的地理范围，可以以高校形状的中心为圆心画圆，确定取样范围，为进一步分析高校创新力对周边科创企业发展的相关性提供基础。

4.2.5　指标选择

产业园区的发展经历了"产"—"产城"—"产城创"的过程，科创园区是新时期创新驱动背景下城市化的重要空间载体。在对既往科创园区研究和实践的总结中发现，科创园区的发展一直离不开"城""创"这两个关键要素，"产城创"融合已成为未来科创园区发展的重要趋势。因此，以"科创企业发展"反映"产"，以"职住关系"反映"城"，以"高校创新力"反映"创"来展开研究。

1. 以"科创企业发展"反映"产"

以"科创企业发展"反映"产"，主要指科创园区内以科创为主导产业的企业发展，它反映了科创园区的发展水平。"产"即产业，是指城市经济及产业布局，也包括了"互联网+""智慧+""数字+"等一批高技术含量、高附加值、资源集约型的新兴科创产业。"科创企业发展"，即从事科创产业的企业发展，用以反映科创园区"产"的发展状况。

"科创企业发展"是衡量科创园区"产"发展的关键要素。企业作为市场经济的主体（杨喜雯，2020），它是整个市场活动的参与者（吕成霞，2016），也是产业发展的突破口，更是产业结构升级和增长方式转变的中心环节（姚恩东，2010）。企业创新能力和发展水平的强弱，直接体现在市场竞争的能力上，它反映了产业整体的发展质量（邢红萍，2013）。科创企业是科创产业发展和科技创新的主体（张龙，2016）。只有企业不断创新，才能使科技成果产业化，科技资源优势转化为经济优势；也只有企业不断发展，才能实现园区和产业整体的发展（彭美玉，2013；李景欣 等，2011）。

因此，以"科创企业发展"反映"产"，从聚集程度、发展规模、创新能力、经营状况和综合实力来选择衡量科创企业发展的指标并展开研究。

2. 以"职住关系"反映"城"

以"职住关系"反映"城"，主要指职住人口的比例关系和职住地之间的空间距离，它反映城市土地利用和空间布局的混合性。"城"，即城市，指的是城市中的各类功能空间和土地利用类型，是为实现服务人民生活、创造良好人居环境、资源集约和经济循环发展为目标而提供的物质空间载体，它包括居住等相关配套服务设施供给和布局。"职住关系"，即"工作"和"居住"的关系，指的是在某一地域范围内，工作者和居住者的人数关系、工作地与居住地之间的空间位置关系和通勤联系。

职住关系是衡量"城"发展的关键要素，它既反映了城市空间布局和运行效率，也反映了城市人居环境和城市主体"人"的行为活动。既往研究对职住关系在城市发展中的重要性具有共识。

在宏观层面，职住关系反映了城市空间结构和功能布局的合理性以及城市的运行质量和效率。首先，工作和居住是城市中最基本的功能和空间组成部分，也是构成城市土地利用的两大基本要素。职住空间是城市功能的重要载体（王录仓 等，2019）。1933年《雅典宪章》指出"居住、工作、游憩、交通"是城市的四大职能，而职住关系涉及其中的居住、工作、交通三项城市职能（王俊蓉 等，2019）。其次，工作地和居住地之间的空间联系直接关系到城市的交通流向、通勤距离及通勤时间，影响了城市交通的有效运转（郝丽荣，2013）。合理的职住空间布局能够减少过度通勤带来的社会资源浪费、缓解城市交通压力，从而节约能源消耗、减少环境污染，对促进城市可持续发展有重要意义（刘阳 等，2015；英成龙 等，2016）。

在微观层面，职住关系反映了城市人口日常行为活动的舒适度（姜文婷，2014）。"人"是城市发展的主体，城市规划和发展的首要任务是以人为核心，满足人的活动需求，给人们创造一个适宜居住、交通便利、就业方便的空间场所（张慧，2016）。工作和居住是城市中人们最基本的行为活动，人的日常行为生活大都围绕着工作和居住展开（卫龙 等，2016）。职住关系对于城市居民通勤出行和生活质量具有重要影响，合理的职住空间关系能够减少长时间长距离的上下班通勤产生的劳累感，并对于降低出行成本、提高生活质量有积极影响（刘志林 等，2011）。

综上所述，职住关系包含了工作和居住两大城市空间的基本要素，反映了城市的空间结构、功能布局、运行效率以及人口行为活动，实质上也是关注城市的发展质量。职住关系可作为衡量城市空间结构和功能布局、影响城市运行效率的关键因素。因此，以"职住关系"反映"城"，从职住平衡指数和通勤距离来选择衡量职住关系的指标并展开研究。

3. 以"高校创新力"反映"创"

以"高校创新力"反映"创"，主要指各类高等院校在人才、技术、知识产权等方面创新要素的集聚，它反映区域创新资源的溢出和能力。"创"即创新，是一项包含知识、技术、人才等创新资源以及各类高校、实验室、科研院所等输出创新资源的平台载体和策源地的复杂系统。"高校创新力"，即高校的创新能力，反映了高校发挥其各类科技创新资源优势的能力。

"高校创新力"是衡量"创"的关键要素，创新能力的提升离不开创新资源和要素的投入，而高校是各类创新资源要素最主要的策源地。既往研究对高校在科技创新系统中发挥的重要作用具有共识。

高校作为科研成果和科研人才培育的发源地，占据着关键位置，并对区域创新能力提升发挥着强大作用（吴新明，2008；张协奎，2007）。高等院校，一方面作为教育机构和重要的科研力量，集聚了大量的科技人才、科研经费等参与知识生产、推动技术进步的创新资源；另一方面作为知识创造和传播的主体，其科研活动的外溢效应对区域创新绩效和能力提升也发挥着重要作用（杨婷，2018）。从以往硅谷、中关村等国内外科创园区的发展经验中可以发现，基于高校的创新资源溢出和转化是区域科技创新最为重要的动力（张经强 等，2017）。在创新系统中，高校的核心作用是选拔和培养具有创新能力的精英，以更好地发挥其作为生产力和人才资源连接的桥梁作用（陈煜，2007）。此外，高校承担着推动基础研究向前发展的责任，以更好地服务于特定的高技术领域（陈尚益 等，2007）。同时，市场环境的不断完善，也使得高等院校越来越多地与政府和企业合作，利用其自身拥有的科研资源进行相关方面的应用研究（石洪超 等，2020）。

综上所述，高校是人才、智力、技术等创新要素集聚的平台和源泉，是创新系统中的关键要素，发挥高校创新力有利于为区域创新发展提供强有力的人才保障、科技支撑、智力支持。因此，以"高校创新力"反映"创"，从师资队伍、人才培养、科研实力、学术影响、产学合作去选择衡量高校创新力的指标并展开研究。

4.3　研究方法

4.3.1　核密度分析

核密度分析可用于计算点、线要素测量值在指定邻域范围内的单位密度。它能直观地反映出离散测量值在连续区域内的分布情况（王鹤超 等，2019）。核密度分析将落入搜索区域的点赋予不同的权重，靠近格网搜索区域中心的点或线会被赋予较大的权重。随着其与格网中心的距离增加，它的权重降低。其结果是：中间值大而周边值小的光滑曲面，栅格值即为单位密度，在邻域边界处降为0。

本研究运用ArcGIS对科创园区企业分布情况和企业发展指标进行核密度分析，观察指标在大走廊的核密度分布情况。对大走廊的高等院校、科创园区企业分布情况进行分析，分别观察各高校以及科创企业在大走廊内部的分布情况，以观察他们在区位分布上的相关性。此外，对各高校创新资源进行柱状图符号绘制，可观察并对比不同高校创新力指标值的差异。

4.3.2　偏最小二乘回归

偏最小二乘回归（Partial Least Squares Regression，PLSR）方法由Wold和Albano等人（1983）提出，它是研究相关多元线性回归分析的方法。该方法主要适用于具有多个因变量和多个自变量的回归建模，是一种可以解决共线性问题、多个因变量Y同时分析，以及处理小样本时影响关系研究的一种多元统计方法。与传统最小二乘回归的主要区别在于，PLSR在建模过程中采用了信息综合和选择技术。该方法首先从变量系统中提取若干解释能力最好的成分，然后进行回归建模，而不是直接考虑因变量集和自变量集的回归建模。从原理上讲，PLSR是主成分分析、典型相关分析和多元线性回归分析3种方法的集合运用。它首先运用主成分分析的原理，将多个X和多个Y，分别浓缩为新的成分（X对应主成分U，Y对应主成分V）；然后借助于典型相关原理，可分析X与U的关系，Y与V的关系；最后结合多元线性回归原理，通过研究主成分之间的关系，从而研究X和Y之间的关系（王惠文，1999；张文彤 等，2015）。

在本研究中，由于该分析对具有多个因变量和多个自变量的回归建模存在变量之间共线性、样本量较小等问题，选择偏最小二乘回归这种多元统计方法较为合适。

具体分析步骤如下：

假设 p 个因变量 Y_1，…，Y_p，m 个自变量 X_1，…，X_m 为标准化变量，因变量组和自变量组的 n 次标准化观测数据矩阵分别记为：

$$Y_0 \atop n\times p = \begin{Bmatrix} y_{11} & \cdots & y_{1p} \\ y_{21} & \cdots & y_{2p} \\ \vdots & \ddots & \vdots \\ y_{n1} & \cdots & y_{np} \end{Bmatrix}, \quad X_0 \atop n\times m = \begin{Bmatrix} x_{11} & \cdots & x_{1m} \\ x_{21} & \cdots & x_{2m} \\ \vdots & \ddots & \vdots \\ x_{n1} & \cdots & x_{nm} \end{Bmatrix}$$

第一步：通过交叉有效性分析和投影重要性 VIP 值分析，确定主成分数量。对于交叉有效性分析，分析结果可以通过 Q_h^2 的值反映出来。

$$Q_h^2 = 1 - PRESS_h / SS_{(h-1)}$$

式中　h——主成分个数；

　　SS——误差平方和；

　$PRESS$——预测误差平方和。

其中 SS 和 $PRESS$ 为交叉效度分析的中间过程值。如果 $Q_h^2 \leqslant 0.0975$，则说明继续加大主成分个数无意义，即该点（或上一点）对应的主成分个数为最佳主成分个数。对于投影重要性分析（VIP 值），如果主成分增加 VIP 值变化不明显，此时该主成分个数即为最佳个数。

第二步：提取主成分并进行精度分析。从自变量 X 中提取主成分 U_1，从因变量 Y 中提取主成分 V_1。两个主成分 U_1 和 V_1 应在各自所在的变量组中提取尽可能多的信息，以使得 U_1 和 V_1 的关联性最大化。通过精度分析，即主成分对于 X 或 Y 的信息提取率情况（方差解释率），可分析模型效果情况。

第三步：进行 PLSR 分析。回归分析得到 X 和 Y 之间的相关关系，包括 X 与 Y 之间的回归影响关系分析，影响方向和显著性，以及模型 R 方值，X 对于 Y 的解释力度等。

在职住关系与科创企业发展关联性研究中，将基于位置服务大数据的职住关系数据计算得出的 4 项职住关系指标作为自变量，将科创企业发展数据计算得出的 10 项科创企业发展指标作为因变量，通过偏最小二乘回归方法进行分析，探究职住关系与科创企业发展之间的关联性（图 4-2）。

本研究根据《杭州城西科创大走廊总体空间规划》和土地利用现状，将大走廊划分为 31 个组团式功能片区，并以这些功能片区作为采样范围，对各片区的职住关系数据和科创企业发展数据进行统计分析。由于各片区的面积不同，为避免由于采样面积差异对企业数据的影响，本研究采用了区域内各企业的指标平均值，并用于回归分析。

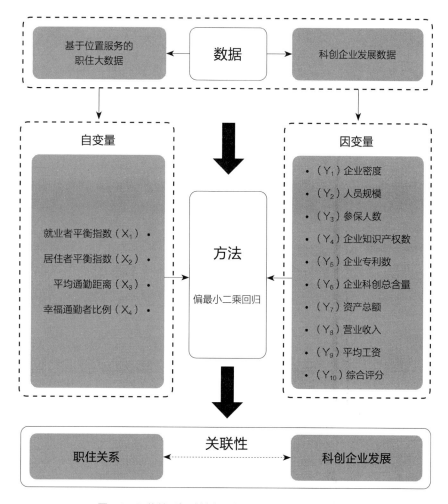

图 4-2　职住关系与科创企业发展关联性研究方法流程图

　　在高校创新力与科创企业发展关联性的研究中，从师资队伍、人才培养、科研实力、学术影响、产学合作等方面选择17项高校创新力指标作为自变量，从聚集程度、发展规模、创新水平、经营状况、综合实力等五方面选择10项科创企业发展指标作为因变量，采用偏最小二乘回归方法，分析自变量和因变量之间的关联性（图4-3）。研究以各高等学校用地范围形状的中心为圆心，以3km为半径画圆作为取样范围，从企业的聚集程度、发展规模、创新能力、经营状况、综合实力等方面统计高校周边科创企业发展状况（图4-4）。由于部分高校位于大走廊的边界地带，取样范围超出了大走廊的边界之外，如果仅统计大走廊内部企业，无法准确反映出各高校与其周边科创企业之间的实际关联性。为避免由此带来的影响，本研究首先计算出各自取样范围与大走廊边界轮廓相交的面积，然后分别求出各取样范围内所有科创企业的各项指标值之和，最后以指标值之和与相交面积之比作为统计指标。

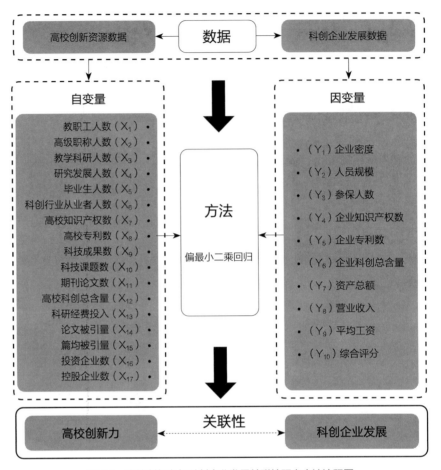

图 4-3　高校创新力与科创企业发展关联性研究方法流程图

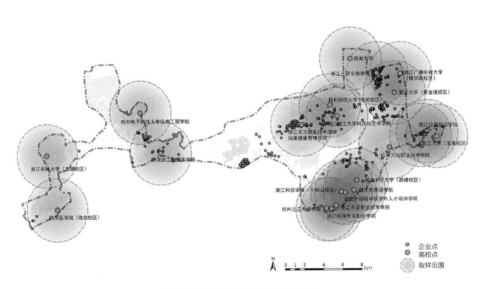

图 4-4　科技企业数据取样范围图

4.4 "产城创" 指标分析

4.4.1　科创企业发展指标分析

　　运用ArcGIS对采集到的大走廊16504家科创企业发展数据指标进行核密度分析，观察指标的核密度分布情况。其颜色越深，代表此区域该项指标核密度越大（图4-5～图4-14）。

　　从聚集程度看，大走廊科创企业集中在未来科技城中心片、西湖科技园科研片、蒋村中心片、杭州大学城高教片。科创企业主要分布在大走廊中部的未来科技城——文一西路沿线和东部的浙江大学紫金港校区周边，而大走廊西部的青山湖科技城，其科创企业较少，只有少数企业集中在青山湖科技城中心片以及云制造小镇科研片。

　　从发展规模看，大走廊科创企业的人员规模和参保人数核密度较高的区域分布在未来科技城中心片、淘宝城综合片、西湖科技园科研片以及蒋村中心片，集聚了大量的科创人才。

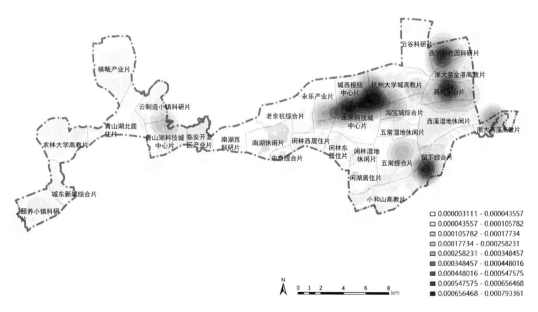

图 4-5　大走廊科创企业密度分布图

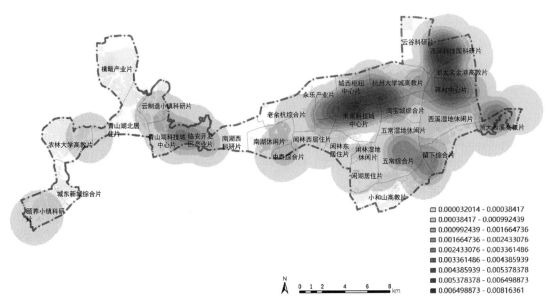

图 4-6 大走廊科创企业人员规模核密度分布图

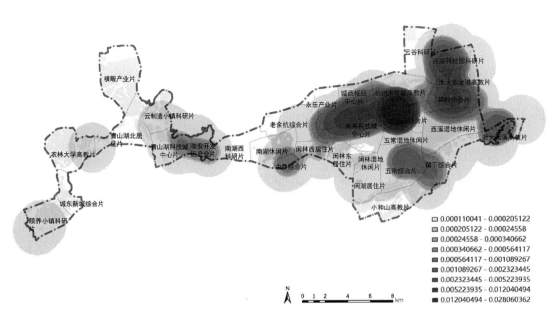

图 4-7 大走廊科创企业参保人数核密度分布图

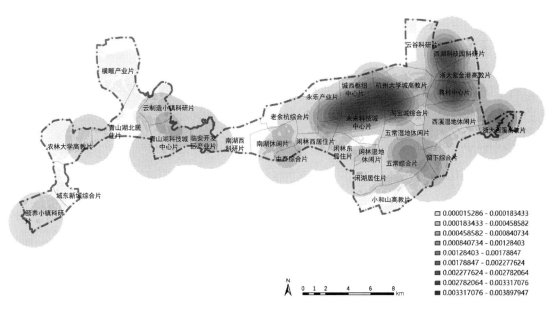

图 4-8　大走廊科创企业知识产权数核密度分布图

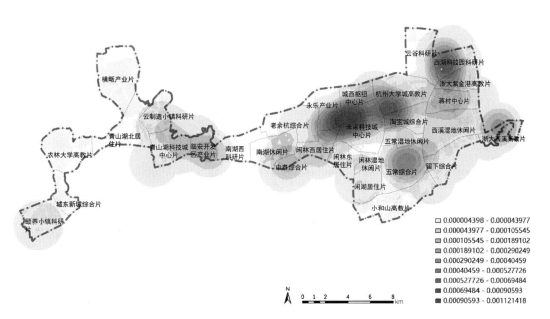

图 4-9　大走廊科创企业专利数核密度分布图

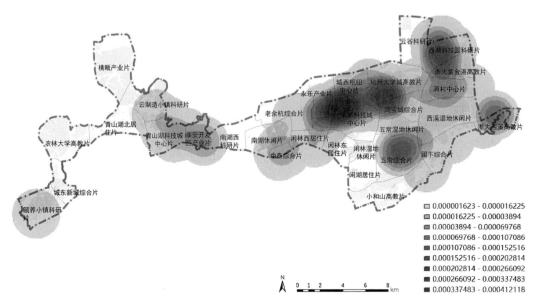

图 4-10 大走廊科创企业科创总含量核密度分布图

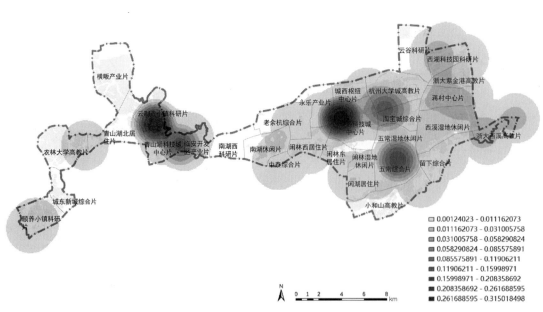

图 4-11 大走廊科创企业资产总额核密度分布图

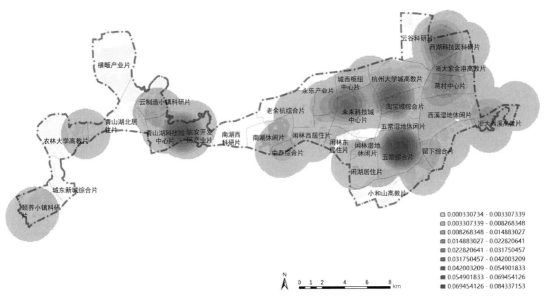

图 4-12　大走廊科创企业营业收入核密度分布图

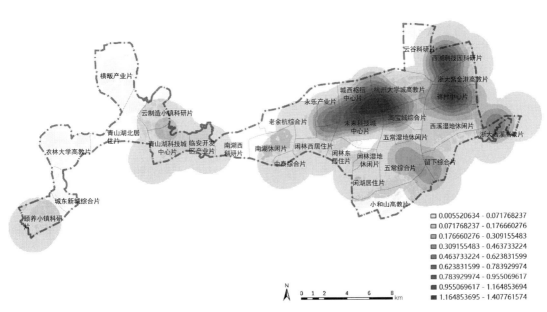

图 4-13　大走廊科创企业平均工资核密度分布图

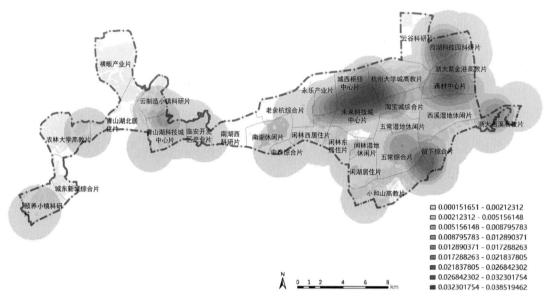

图 4-14　大走廊科创企业综合评分核密度分布图

　　从创新能力来看，未来科技城中心片是创新能级最高的区域，在知识产权数量、专利数量和科创总含量核密度分析中都是颜色最深的区域，集聚着大量不同类型的科创园区和企业。此外，主轴线——文一西路沿线的杭州大学城高教片、淘宝城综合片、西湖科技园科研片以及五常综合片创新能力较强，而西部青山湖科技城创新能力相对较弱。

　　从经营状况看，紫金港科技城的蒋村中心片、未来科技城的中心片、淘宝城综合片、五常综合片，以及青山湖科技城的中心片、云制造小镇科研片等企业的资产总额、营业收入和平均工资相对较高，其企业的经济效益较好。

　　从综合实力看，综合评分较高的企业集中在紫金港科技城和未来科技城，尤其是未来科技城中心片、留下综合片与小和山高教片交界、西湖科技园科研片、蒋村中心片等综合评分相对较高。

　　总体来说，大走廊科创企业发展整体上呈现出中部、东部片区优于西部，科技城中心片、综合片、科研片、高教片优于其他功能片区。其中，未来科技城中心片是大走廊科创企业发展最好的片区，特别是在科创企业的数量和质量上，其发展规模、经营水平、创新能力、综合实力等均有较高的核密度。此外，文一西路主轴沿线、阿里巴巴淘宝城周边以及浙江大学等高校周边区域的科创企业相对较多，其经济发展和创新能力也较好。

4.4.2　职住关系指标分析

1. 职住平衡指数分析

根据LBS大数据获取的工作人数结果，经计算得出，大走廊整体的就业者平衡指数为0.49，这说明近一半的就业者在大走廊内居住，并在其内部实现了职住平衡；而其居住者平衡指数为0.13，这说明大多数的居住者在大走廊外工作。各片区就业者平衡指数差异较大，从0.12～0.88不等；而居住者平衡指数普遍较小，基本在0.27以内（图4-15、图4-16）。

2. 职住通勤距离分析

通勤距离指的是工作者就业地与居住地之间的距离，通勤距离越短表明职住地之间的距离越近、空间联系越紧密。基于现状路网，运用ArcGIS计算出12032名在大走廊内部职且住人群工作地和居住地之间的最短通勤路径，得到5268条路径。

据统计，大走廊整体职住关系密切，通勤距离普遍较短，平均通勤距离约为3.8km。其中，74.91%的工作者居住在距离工作地5km距离范围内，超过15km以上的人数极少（图4-17）。这表明，约有3/4在大走廊内工作和居住的通勤者实现了"幸福通勤"，本研究将这部分人群称为"幸福通勤者"。从平均通勤距离的空间分布来看，超过2/3的片区平均通勤距离在5km以内，且所有功能片区5km

图 4-15　大走廊各功能片区就业者平衡指数分布图

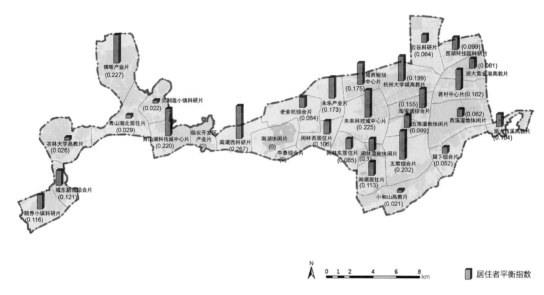

图 4-16　大走廊各功能片区居住者平衡指数分布图

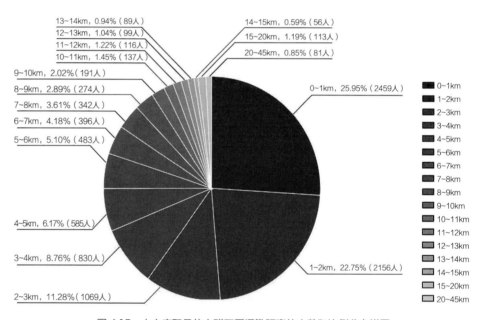

图 4-17　大走廊职且住人群不同通勤距离的人数和比例分布饼图

以内的通勤者比例都在50%以上（图4-18、图4-19）。其中，老余杭综合片、五常综合片、闲湖居住片的平均通勤距离最短，其通勤距离在5km以下的员工比例最高，而且职住联系最紧密。

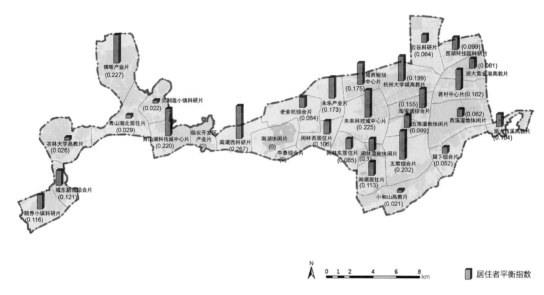页眉

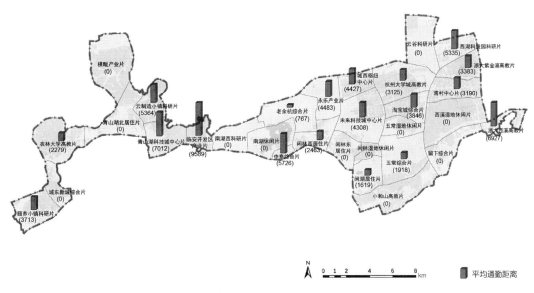

图 4-18　大走廊各功能片区平均通勤距离分布图

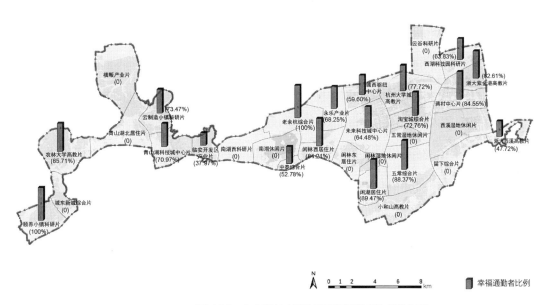

图 4-19　大走廊各功能片区幸福通勤者比例分布图

4.4.3　高校创新力指标分析

　　运用ArcGIS符号绘制工具，将各高校创新力指标分别进行可视化，以对比不同高校在创新资源能级上的差异（图4-20）。

　　从总体上看，浙江大学作为浙江省唯一的中国首个顶尖大学高校联盟C9高校，其玉泉校区和紫金港校区都位于大走廊东部，各项指标值显著高于其他高

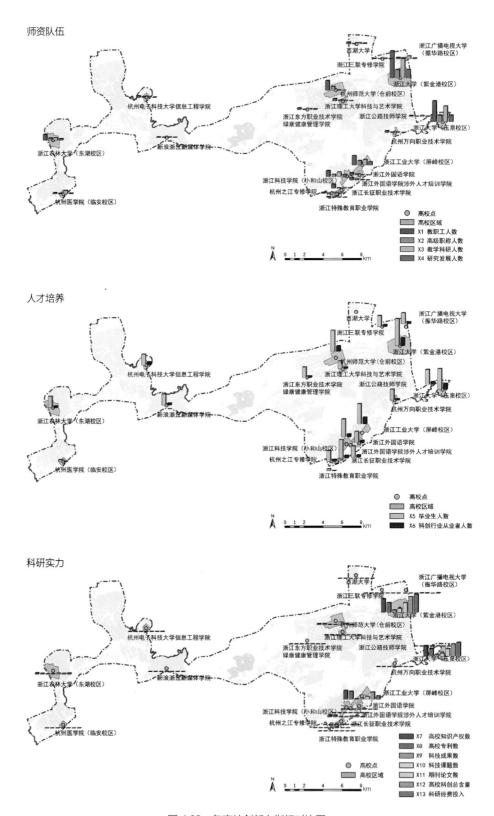

图 4-20   各高校创新力指标对比图

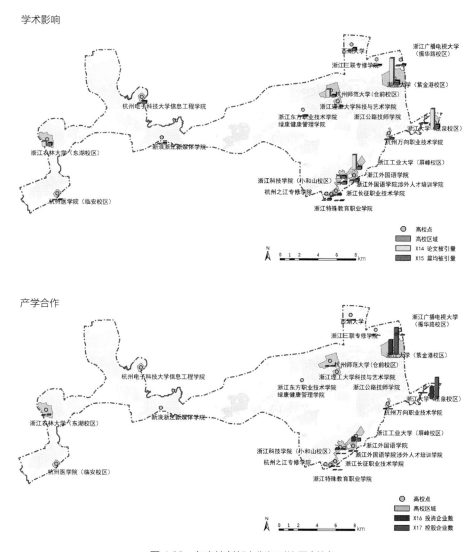

图 4-20　各高校创新力指标对比图（续）

校，高校的创新资源能级水平最高。此外，小和山高教片和杭州大学城高教片这两个以高校功能为主的片区，其高校分布更集中，各项指标水平相对较高。

在师资队伍方面，学术研究型和专业应用型高校的指标值明显高于职业技能型高校，尤其是浙江大学、浙江工业大学、杭州师范大学、浙江农林大学表现突出，在教职工人数、高级职称人数、科学研究人数和研究发展人数上均具有明显的优势。在职业技能型高校中，仅浙江科技学院的师资队伍人数较多，而其他学校的师资力量则相对较弱。

在人才培养方面，各高校毕业生人数差距不明显，这可能是由于学术研究型、专业应用型高校虽然其全校毕业生总人数众多，但位于大走廊内部的大多为分校区，仅是全校的一部分；而职业技能型高校则多为校总体。在从事科创行业毕业生人数上，学术研究型、专业应用型高校明显多于职业技能型高校，这与学校的人才培养目标是一致的，主要是研究应用型创新人才的输出；而职业技能型高校主要是培养具备专项职业技能的技术型人才。

在科研实力方面，浙江大学紫金港校区和玉泉校区、浙江工业大学屏峰校区具有明显优势。

在学术影响方面，学术研究型和专业应用型高校都占据了绝对优势，特别是浙江大学、浙江工业大学、杭州师范大学、浙江农林大学影响力较大。

在产学合作方面，浙江大学紫金港校区和玉泉校区占有绝对优势，无论是投资企业数还是控股企业数均远高于其他高校。

4.5 职住关系与科创企业发展关联性

本研究采用偏最小二乘法进行多元回归分析，以反映职住关系的4个指标为自变量，以反映科创企业发展的10个指标为因变量，研究职住关系与科创企业发展的相关关系。

4.5.1 回归分析步骤

第一步：根据交叉有效性分析（Q_h^2值）和投影重要性分析（VIP值），确定主成分数量为1个。对于交叉有效性分析，当只有1个主成分时，$Q_h^2=1$；当有2个主成分时，$Q_h^2=-0.177$，它小于0.0975（表4-4）；对于投影重要性分析，主成分为2相较于主成分为1时，VIP值变化不明显（表4-5）。由此可确定最佳主成分个数为1。

交叉有效性分析（Q_h^2值）			表 4-4
主成分数量（h）	误差平方和（SS）	预测误差平方（PRESS）	Q_h^2
1	862.872	1002.134	1
2	813.541	1015.62	−0.177
3	792.925	1084.293	−0.333
4	758.035	1158.021	−0.46

投影重要性分析（*VIP*值）　　　　　　　　表 4-5

	1个主成分时	2个主成分时	3个主成分时	4个主成分时
就业者平衡指数	0.913	0.945	0.932	0.943
居住者平衡指数	0.261	0.522	0.586	0.582
平均通勤距离	1.223	1.184	1.188	1.169
幸福通勤者比例	1.266	1.197	1.173	1.185

　　第二步：提取主成分U_1和V_1，并进行精度分析。4个自变量的主成分U_1综合提取率为0.548（方差解释率54.8%）。除居住者平衡指数外，其他自变量的信息提取率均高于0.6。10个因变量的主成分V_1综合提取率为0.612（方差解释率为61.2%）。除企业密度、企业专利数、企业科创总含量、平均工资外，其他因变量的信息提取率均高于0.7（表4-6、表4-7）。

主成分U_1和X的精度分析　　　　　　　表 4-6

X	自变量	主成分U_1
X_1	就业者平衡指数	0.697
X_2	居住者平衡指数	0.003
X_3	平均通勤距离	0.63
X_4	幸福通勤者比例	0.864
	综合	0.548

主成分V_1和Y的精度分析　　　　　　　表 4-7

Y	因变量	主成分V_1
Y_1	企业密度	0.233
Y_2	人员规模	0.912
Y_3	参保人数	0.832
Y_4	企业知识产权数	0.869
Y_5	企业专利数	0.321
Y_6	企业科创总含量	0.076
Y_7	资产总额	0.761
Y_8	营业收入	0.788
Y_9	平均工资	0.586
Y_{10}	综合评分	0.744
	综合	0.612

第三步：偏最小二乘回归分析。

经回归分析得到X和Y之间的关系、影响方向和显著性（p值），以及不同自变量对于因变量的解释力度等。

4.5.2   回归分析结果

（1）从总体上看，职住关系与科创园区企业发展存在相关性，但不同指标之间表现出了不同的相关性和显著水平（表4-8）。

对于反映企业聚集程度的企业密度，就业者平衡指数、幸福通勤者比例呈现了显著负相关，但是居住者平衡指数呈现显著正相关。对于反映企业发展质量的其他指标，就业者平衡指数和幸福通勤者比例与大部分的指标呈现显著正相关，而居住者平衡指数呈现显著负相关。除了资产总额和参保人数外，平均通勤距离则与多数指标相关性不显著。

（2）对于与职住平衡指数相关的两项指标，就业者平衡指数的提升有利于科创企业质量上的发展；居住者平衡指数的提升有利于数量上的集聚发展。

就业者平衡指数与反映企业发展规模的参保人数，与反映企业经营状况的资产总额、营业收入和平均工资，以及反映企业创新能力的知识产权数、专利数均呈现显著正相关；与反映企业聚集程度的企业密度呈现显著负相关。由此推断，就业者平衡指数的提升，即表明在大走廊居住的员工人数的增长，它有利于科创园区企业自身的发展，其主要表现为发展规模扩大、创新能力增强、经营状况提升。

居住者平衡指数与反映企业聚集程度的科创企业分布密度呈现显著正相关，而与反映科创企业发展规模、创新能力、经营状况、综合实力的其他指标呈现负相关。由此推断，居住者平衡指数的提升，即表明在区域内就业的居民人数增长，它有利于科创企业的集聚。

（3）对于与通勤距离相关的两项指标，幸福通勤者比例与科创企业发展的相关性比平均通勤距离更强。

幸福通勤者比例与反映聚集程度的企业分布密度呈现显著负相关，而与人员规模、企业专利数、资产总额、平均工资、综合评分呈现显著正相关。平均通勤距离仅与参保人数和资产总额表现出显著正相关，与其他科创企业发展指标的相关性不显著。

由此推断，幸福通勤者比例的增长，即在大走廊内实现5km通勤人数的增加，这将有利于科创园区企业在发展规模、创新能力、经营状况，以及综合发展水平上的提升，但它却不利于企业在数量上的集聚。平均通勤距离的增加，与企业发展指标大多无显著相关性，仅对企业规模和经营状况的提升有促进作用。

职住关系与科创企业发展偏最小二乘回归结果

表 4-8

		Y_1 企业密度	Y_2 人员规模	Y_3 参保人数	Y_4 企业知识产权数	Y_5 企业专利数	Y_6 企业科创总含量	Y_7 资产总额	Y_8 营业收入	Y_9 平均工资	Y_{10} 综合评分
常数		0.313	-0.053	-0.238	-0.12	-0.452	-0.617	-0.011	-0.061	0.66	0.289
X_1 就业者平衡指数	回归系数[1]	-0.86	1.521	1.278	1.044	0.542	0.223	2.311	2.005	2.771	1.723
	p 值[2]	**	***	***	**	*		***	***	***	***
X_2 居住者平衡指数	回归系数	0.845	-1.494	-1.255	-1.026	-0.533	-0.219	-2.27	-1.969	-2.722	-1.692
	p 值	***	***	***	***	***		***	**	***	***
X_3 平均通勤距离	回归系数	-0.123	0.218	0.183	0.15	0.078	0.032	0.332	0.288	0.398	0.247
	p 值	**	***	***				***			
X_4 幸福通勤者比例	回归系数	-0.873	1.544	1.297	1.06	0.551	0.226	2.347	2.035	2.814	1.749
	p 值	***	***	***	***	***		***		***	***
R^2[3]		0.122	0.6	0.448	0.476	0.106	0.022	0.487	0.481	0.459	0.664

[1] 回归系数表示自变量 X 对因变量 Y 的影响,回归系数为正,说明 Y 随 X 的增加而增加;回归系数为负,说明 Y 随 X 的增加而减少。回归系数越大,说明 X 对 Y 的影响越大。

[2] p 值是在零假设为真的情况下,得到至少与实际观察到的结果一样极端的结果或更极端的结果的概率。p 值越小,结果越显著(*** $p = 0.01$ 显著,表示在 0.01 水平上显著;** $p = 0.05$ 显著,表示在 0.05 水平上显著;* $p = 0.1$ 显著,表示在 0.1 水平上显著)。

[3] R^2 表示拟合优度。R^2 为回归方程对被解释变量的解释程度,取值范围为 0~1。R^2 越接近 1,回归方程的拟合程度越好。

4.6 高校创新力与科创企业发展关联性

　　本研究采用偏最小二乘回归方法，以反映高校创新力的17项创新资源指标为自变量，以反映科创企业发展的10项指标为因变量，研究整体高校创新与科创企业发展的相关关系。在此基础上，选择相关性较显著的高校创新力指标与科创企业发展指标，对不同类型高校创新力与科创企业发展关联性展开对比研究。

4.6.1 回归分析步骤

　　第一步：根据交叉有效性分析（Q_h^2值）和投影重要性分析（VIP值），确定主成分数量为1个。当只有1个主成分时，$Q_h^2 = 1$；当有2个主成分时，$Q_h^2 = -0.484$，小于0.0975（表4-9）。此外，对于投影重要性分析，主成分为2或以上时，相较于主成分为1时，VIP值变化不明显（表4-10）。由此可确定最佳主成分个数为1。

交叉有效性分析（Q_h^2值）			表 4-9
主成分数量（h）	误差平方和（SS）	预测误差平方（$PRESS$）	Q_h^2
1	4.26719×10^{14}	4.98552×10^{14}	1
2	3.73632×10^{14}	6.33287×10^{14}	-0.484
3	2.89879×10^{14}	6.22682×10^{14}	-0.667
4	2.52829×10^{14}	6.23855×10^{14}	-1.152
5	2.49086×10^{14}	7.65443×10^{14}	-2.028
6	2.15899×10^{14}	1.60527×10^{15}	-5.445
7	1.34493×10^{14}	1.76896×10^{15}	-7.193
8	1.11903×10^{14}	1.79551×10^{15}	-12.35
9	1.06599×10^{14}	4.1685×10^{15}	-36.251
10	1.05138×10^{14}	1.022×10^{16}	-94.874
11	9.02914×10^{13}	2.39161×10^{16}	-226.472
12	4.41768×10^{13}	2.03522×10^{17}	-2253.056
13	4.42063×10^{12}	1.38512×10^{17}	-3134.395
14	1.03014×10^{12}	1.3851×10^{17}	-31331.699
15	1.03014×10^{12}	1.3851×10^{17}	-134457.01
16	1.03014×10^{12}	1.3851×10^{17}	-134457.01
17	1.03014×10^{12}	1.3851×10^{17}	-134457.01

表 4-10

投影重要性分析（VIP值）

变量	1个主成分时	2个主成分时	3个主成分时	4个主成分时	5个主成分时	6个主成分时	7个主成分时	8个主成分时	9个主成分时	10个主成分时	11个主成分时	12个主成分时	13个主成分时	14个主成分时	15个主成分时	16个主成分时	17个主成分时
教职工人数	1.035	0.935	0.81	0.774	1.061	1.093	1.026	0.997	0.982	0.973	1.091	1.07	1.045	1.033	0	0	0
高级职称人数	1.029	0.908	0.815	0.794	0.945	0.96	0.866	0.838	0.82	0.812	1.065	1.053	1.023	1.018	0	0	0
教学科研人数	0.913	0.832	1.424	1.367	1.398	1.475	1.293	1.272	1.296	1.274	1.237	1.202	1.159	1.147	0	0	0
研究发展人数	0.957	0.883	1.034	0.98	0.931	0.878	1.153	1.142	1.282	1.257	1.221	1.19	1.152	1.139	0	0	0
毕业生人数	1.1	1.026	1.283	1.314	1.253	1.436	1.365	1.361	1.33	1.317	1.28	1.242	1.197	1.185	0	0	0
科创行业从业者人数	1.056	0.936	1.243	1.243	1.191	1.119	1.114	1.282	1.253	1.26	1.222	1.187	1.144	1.131	0	0	0
高校知识产权数	0.96	0.939	0.843	0.863	0.85	0.846	0.808	0.81	0.793	0.778	0.76	0.738	0.713	0.707	0	0	0
高校专利数	0.924	1.018	0.92	1.022	1.013	1.046	0.933	0.94	0.924	0.906	0.879	0.868	0.86	0.85	0	0	0
科技成果数	1.029	0.917	0.766	0.748	0.705	0.691	0.788	0.794	0.798	0.8	0.838	0.821	0.819	0.87	0	0	0
科技课题数	1.02	0.907	0.825	0.812	0.831	0.79	0.722	0.801	0.796	0.895	0.868	0.856	0.873	0.876	0	0	0
期刊论文数	1.073	1.022	0.891	0.88	0.85	0.834	0.731	0.708	0.699	0.746	0.729	0.942	0.95	0.97	0	0	0
高校科创总含量	0.999	0.889	0.769	0.732	0.71	0.679	0.737	0.722	0.706	0.695	0.68	0.671	0.755	0.747	0	0	0
科研经费投入	1.027	0.923	0.788	0.798	0.76	0.72	0.785	0.76	0.743	0.729	0.734	0.857	1.149	1.136	0	0	0
论文被引量	1.048	0.973	0.795	0.81	0.765	0.725	0.812	0.789	0.774	0.767	0.747	0.737	0.787	0.781	0	0	0
篇均被引量	0.649	1.686	1.64	1.628	1.543	1.465	1.285	1.243	1.216	1.192	1.157	1.123	1.082	1.07	0	0	0
投资企业数	1.056	0.949	0.776	0.824	0.903	0.878	1.347	1.307	1.325	1.342	1.303	1.268	1.223	1.212	0	0	0
控股企业数	1.041	0.969	0.797	0.852	0.803	0.772	0.781	0.774	0.76	0.787	0.768	0.863	0.832	0.917	0	0	0

第二步：提取主成分U_1和V_1，并进行精度分析。

17个自变量的主成分U_1，综合提取率为0.955（方差解释率95.5%）。除篇均被引量外，其他自变量的信息提取率均高于0.9（表4-11）。

10个因变量的主成分V_1，综合提取率为0.696（方差解释率为69.6%）。除参保人数、资产总额、营业收入外，其他因变量的信息提取率均高于0.89（表4-12）。

主成分U_1和X的精度分析　　　　　表 4-11

X	自变量	主成分U_1
X_1	教职工人数	0.987
X_2	高级职称人数	0.986
X_3	教学科研人数	0.953
X_4	研究发展人数	0.985
X_5	毕业生人数	0.944
X_6	科创行业从业者人数	0.937
X_7	高校知识产权数	0.982
X_8	高校专利数	0.955
X_9	科技成果数	0.99
X_{10}	科技课题数	0.984
X_{11}	期刊论文数	0.994
X_{12}	高校科创总含量	0.996
X_{13}	科研经费投入	0.983
X_{14}	论文被引量	0.985
X_{15}	篇均被引量	0.603
X_{16}	投资企业数	0.992
X_{17}	控股企业数	0.976
	综合	0.955

主成分V_1和Y的精度分析		表 4-12
Y	因变量	主成分V_1
Y_1	企业密度	0.968
Y_2	人员规模	0.894
Y_3	参保人数	0.319
Y_4	企业知识产权数	0.958
Y_5	企业专利数	0.908
Y_6	企业科创总含量	0.917
Y_7	资产总额	0
Y_8	营业收入	0.092
Y_9	平均工资	0.94
Y_{10}	综合评分	0.969
	综合	0.696

第三步：偏最小二乘回归分析。

经回归分析得到X和Y之间的关系、影响方向和显著性（p值），以及不同自变量对于因变量的解释力度等。

4.6.2　回归分析结果

1. 高校创新力与科创园区企业发展关联性分析结果

从总体上看，高校创新力与科创园区企业发展存在相关性，但是不同指标呈现出了不同程度的相关性和显著水平。其中教职工人数、科技课题数、篇均被引量是与科创企业发展正相关性最显著的指标（表4-13）。

一是对于反映高校师资队伍的4项指标，包括教职工人数（X_1）、高级职称人数（X_2）、教学科研人数（X_3）、研究发展人数（X_4），均与科创企业发展指标有不同程度显著正相关，尤其是与反映企业经营状况的3项指标均呈现显著正相关。其中，教职工人数与科创企业发展相关性最显著，与除企业专利数外的其他9项指标均呈现显著正相关。高级职称人数与除反映企业创新能力的3项指标外的其他7项指标均呈现显著正相关。教学科研人数仅与反映企业经营状况和综合实力的4项指标显著正相关。研究发展人数与企业反映企业聚集程度和经营状况的指标以及企业知识产权数显著正相关。

由此推断，高校师资队伍的壮大普遍有利于周边科创企业发展规模、经营状况与综合实力的提升，尤其是高校教职工人数的增长，最有利于周边科创企业发展。

二是对于反映高校人才培养的2项指标，包括毕业生人数（X_5）、科创行业从业者人数（X_6），均与反映企业综合实力的综合评分指标显著正相关，与反映企业聚集程度的企业密度指标相关性不显著。其中，毕业生人数与反映企业创新能力的指标相关性更显著，与企业知识产权数和科创总含量均呈现显著正相关；科创行业从业者人数与反映企业发展规模和经营状况的指标呈现的正相关性更显著。

由此推断，高校人才培养有利于周边科创企业发展质量的提升，尤其是科创人才的培养，它对科创企业发展影响更大，对科创企业发展规模、创新能力、经营状况、综合实力均有积极影响。

三是对于反映高校科研实力的7项指标，包括高校知识产权数（X_7）、高校专利数（X_8）、科技成果数（X_9）、科技课题数（X_{10}）、期刊论文数（X_{11}）、高校科创总含量（X_{12}）、科研经费投入（X_{13}），与反映企业经营状况的指标尤其是平均工资的正相关性最显著，与人员规模、企业知识产权数、营业收入、综合评分正相关性较显著。其中，高校科技课题数对科创企业发展的影响最为显著，与除企业密度外的其他因变量均呈现显著正相关。仅有科技成果数与企业密度呈现显著正相关，同时其与企业专利数、综合评分，以及经营状况指标均呈现显著正相关。

由此推断，高校科研实力的增强有利于周边科创企业发展规模、创新能力、经营状况、综合实力的提升。其中，科技课题数的增长最有利于周边科创企业发展质量的提升，其科技成果数的增长也有利于科创企业数量上的增长，并形成产业集群效应。

四是对于反映高校学术影响的2项指标，包括论文被引量（X_{14}）和篇均被引量（X_{15}），它与科创企业发展指标的相关性不同。其中，篇均被引量与所有10项科创企业发展指标均呈现显著正相关，而论文被引量与所有因变量指标的相关性均不显著。

由此推断，篇均被引量的增长反映了论文整体质量的提升，它扩大了高校的学术影响，并有利于促进周边科创企业发展。

五是对于反映高校产学合作的2项指标，包括投资企业数（X_{16}）和控股企业数（X_{17}），它与科创企业发展指标的相关性不同。其中，投资企业数与人员规模、综合评分，以及反映企业经营状况的3项指标均呈现显著正相关；控股企业数与参保人数、企业专利数、企业科创总含量、平均工资呈现显著正相关。

由此推断，高校对外投资控股企业数量在一定程度上有利于周边科创企业发展规模的扩大和经营状况的提升，但是对企业数量上的集聚影响不显著。

高校创新力与科创企业发展关联性偏最小二乘回归结果

表 4-13

		Y_1 企业密度	Y_2 人员规模	Y_3 参保人数	Y_4 企业知识产权数	Y_5 企业专利数	Y_6 企业科创总含量	Y_7 资产总额	Y_8 营业收入	Y_9 平均工资	Y_{10} 综合评分
常数		3045.475	43161.853	34578.233	18250.593	3823.256	1275.478	956399.909	287945.661	6098464.071	184360.239
师资队伍											
X_1 教职工人数	回归系数①	0.028	0.463	0.08	0.181	0.022	0.009	0.527	0.946	64.921	1.688
	p 值②	***	***	***	***		***	***	***	***	***
X_2 高级职称人数	回归系数	0.066	1.108	0.191	0.434	0.053	0.022	1.262	2.262	155.317	4.04
	p 值	***	***	***	***		***	***	***	***	***
X_3 教学科研人数	回归系数	0.018	0.299	0.051	0.117	0.014	0.006	0.341	0.611	41.956	1.091
	p 值	***						***	***	***	***
X_4 研究发展人数	回归系数	0.06	1.004	0.173	0.393	0.048	0.02	1.143	2.05	140.729	3.66
	p 值	***			***			***	***	***	
人才培养											
X_5 毕业生人数	回归系数	0.026	0.435	0.075	0.17	0.021	0.009	0.496	0.889	61.022	1.587
	p 值	***	**		***		***	***		***	***
X_6 科创行业从业者人数	回归系数	0.078	1.315	0.226	0.515	0.063	0.026	1.498	2.685	184.356	4.795
	p 值	***	***	***	**			***	***	***	***

续表

		Y_1 企业密度	Y_2 人员规模	Y_3 参保人数	Y_4 企业知识产权数	Y_5 企业专利数	Y_6 企业科创总含量	Y_7 资产总额	Y_8 营业收入	Y_9 平均工资	Y_{10} 综合评分
科研实力											
X_7高校知识产权数	回归系数	0.003	0.053	0.009	0.021	0.003	0.001	0.06	0.108	7.435	0.193
	p值		**	***	***				***	***	***
X_8高校专利数	回归系数	0.004	0.07	0.012	0.027	0.003	0.001	0.08	0.143	9.804	0.255
	p值		*		***			**	***	***	***
X_9科技成果数	回归系数	0.042	0.7	0.12	0.274	0.033	0.014	0.797	1.429	98.118	2.552
	p值	***				***		***	***	***	***
X_{10}科技课题数	回归系数	0.025	0.416	0.072	0.163	0.02	0.008	0.474	0.85	58.346	1.517
	p值		***	***	***	***	***	***	***	***	***
X_{11}期刊论文数	回归系数	0.001	0.017	0.003	0.007	0.001	0	0.02	0.035	2.423	0.063
	p值		***		*				***	***	
X_{12}高校科创总量	回归系数	0.006	0.097	0.017	0.038	0.005	0.002	0.11	0.197	13.549	0.352
	p值		***	***	***	***				**	***
X_{13}科研经费投入	回归系数	0.001	0.009	0.002	0.003	0	0	0.01	0.018	1.225	0.032
	p值										***

续表

		Y_1 企业密度	Y_2 人员规模	Y_3 参保人数	Y_4 企业知识产权数	Y_5 企业专利数	Y_6 企业科创总含量	Y_7 资产总额	Y_8 营业收入	Y_9 平均工资	Y_{10} 综合评分
学术影响											
X_{14} 论文被引量	回归系数	0	0.002	0	0.001	0	0	0.002	0.003	0.22	0.006
	p值										
X_{15} 篇均被引量	回归系数	28.715	482.284	82.969	188.926	23	9.519	549.435	984.959	67623.567	1758.779
	p值	***	***	***	***	***	***	***	***	***	***
产学合作											
X_{16} 投资企业数	回归系数	3.097	52.009	8.947	20.374	2.48	1.026	59.25	106.216	7292.426	189.664
	p值	***	***	***	***	**	***	***	**	***	**
X_{17} 控股企业数	回归系数	0.55	9.244	1.59	3.621	0.441	0.182	10.531	18.879	1296.139	33.71
	p值	***	***	***	***	**	***	***	**	***	
$R^2$③		0.312	0.334	0.007	0.268	0.138	0.198	0.001	0.054	0.27	0.312

① 回归系数表示自变量 X 对因变量 Y 变量的影响。回归系数越大,说明 X 对 Y 的影响越大。回归系数为正,说明 Y 随 X 的增加而增加;回归系数为负,说明 Y 随 X 的增加而减少。

② p 值是在零假设为真的情况下,得到至少与实际观察到的结果一样极端的结果或更极端的结果的概率。p 值越小,结果越显著。(*** $p = 0.01$ 显著,表示在 0.01 水平上显著;** $p = 0.05$ 显著,表示在 0.05 水平上显著;* $p = 0.1$ 显著,表示在 0.1 水平上显著)。

③ R^2 表示拟合优度。R^2 为回归方程对被解释变量的拟合程度,取值范围为 0~1。R^2 越接近 1,回归方程的拟合程度越好。

2. 不同类型高校创新力与科创企业发展关联性对比分析结果

在对高校整体研究基础上，从高校创新力指标和科创企业发展指标的各方面中分别选择相关性较显著的一项指标作为自变量和因变量（表4-14），分析对比不同类型高校与科创企业发展的关联性。

不同类型高校创新力与科创企业发展关联性分析指标列表   表 4-14

高校创新力	自变量	指标
师资队伍	X_1	教职工人数
人才培养	X_2	科创行业从业者人数
科研实力	X_3	科技课题数
学术影响	X_4	篇均被引量
产学合作	X_5	投资企业数
科创企业发展	**因变量**	**指标**
聚集程度	Y_1	企业密度
发展规模	Y_2	人员规模
创新能力	Y_3	企业知识产权数
经营状况	Y_4	平均工资
综合实力	Y_5	综合评分

对比不同类型高校创新力指标与周边科创企业发展指标的回归结果，从总体上看，Ⅰ类学术研究型和Ⅱ类专业应用型高校创新力指标与周边科创企业发展指标的正相关性比Ⅲ类职业技能型高校更为显著（表4-15、表4-16）。

对于反映师资队伍的高校教职工人数指标，Ⅰ类和Ⅱ类高校与全部科创企业发展指标均呈现显著正相关；Ⅲ类高校仅与人员规模、企业知识产权数、平均工资三项指标呈现显著正相关。

对于反映人才培养的高校科创行业从业者人数指标，Ⅰ类和Ⅱ类高校与科创企业的人员规模、企业知识产权数呈现显著正相关，与其他企业发展指标相关性不显著；Ⅲ类高校与全部因变量指标均未表现出显著相关性。

对于反映科研实力的高校科技课题数指标，Ⅰ类和Ⅱ类高校与科创企业的人员规模、企业知识产权数呈现显著正相关；Ⅲ类高校仅与人员规模显著正相关。

对于反映学术影响的高校篇均被引量指标，Ⅰ类和Ⅱ类高校与全部科创企业发展指标均呈现显著正相关；Ⅲ类高校与全部因变量指标均未表现出显著相关性。

对于反映产学合作的高校投资企业数指标，Ⅰ类和Ⅱ类高校与全部科创企业发展指标均呈现显著正相关；Ⅲ类高校仅与人员规模、企业知识产权数、平均工资三项指标呈现显著正相关。

综上所述，Ⅰ类、Ⅱ类高校创新力与周边科创企业发展呈现显著正相关的指标数量明显多于Ⅲ类高校，学术研究型和专业应用型高校对周边科创企业发展的影响大于职业技能型高校。其相同点是：三类高校教职工人数和投资企业数均有利于科创企业的发展规模、创新能力、经营状况的提升，科技课题数的增加有利于企业发展规模的扩大。而不同点是：Ⅰ类、Ⅱ类高校科创行业从业者人数和篇均被引量对科创企业发展有不同程度的促进作用，高校教职工人数、投资企业数有利于企业的聚集和综合实力的提升，科技课题数的增长有利于企业创新能力的提升，但是Ⅲ类高校影响不显著。

学术研究型（Ⅰ类）和专业应用型（Ⅱ类）高校创新力指标偏最小二乘回归结果　表 4-15

		Y_1 企业密度	Y_2 人员规模	Y_3 企业知识产权数	Y_4 平均工资	Y_5 综合评分
常数		1709.936	13656.211	8760.83	2915572.831	102443.889
X_1教职工人数	回归系数	0.122	2.197	0.814	286.847	7.488
	p值	***	***	***	***	**
X_2科创行业从业者人数	回归系数	0.332	5.978	2.216	780.33	20.371
	p值		***	***		
X_3科技课题数	回归系数	0.098	1.762	0.653	230.069	6.006
	p值		***	***		
X_4篇均被引量	回归系数	185.507	3335.485	1236.219	435400.517	11366.301
	p值	***	***	***	**	*
X_5投资企业数	回归系数	12.233	219.953	81.52	28711.767	749.532
	p值	***	***	***	***	***
R^2		0.571	0.749	0.488	0.461	0.573

注：*** $p = 0.01$；** $p = 0.05$；* $p = 0.1$。

职业技能型（Ⅲ类）高校创新力指标偏最小二乘回归结果   表 4-16

		Y_1 企业密度	Y_2 人员规模	Y_3 企业知识产权数	Y_4 平均工资	Y_5 综合评分
常数		-1269.22	-44058.91	-11102.216	-3726019.451	-77280.904
X_1 教职工人数	回归系数	2.64	57.453	18.126	6101.28	160.523
	p 值		***	***	***	
X_2 科创行业从业者人数	回归系数	3.792	82.503	26.028	8761.447	230.511
	p 值					
X_3 科技课题数	回归系数	5.269	114.643	36.168	12174.534	320.308
	p 值		**			
X_4 篇均被引量	回归系数	408.526	8889.364	2804.439	944007.533	24836.517
	p 值					
X_5 投资企业数	回归系数	260.819	5675.316	1790.463	602691.142	15856.599
	p 值		***	***	***	
R^2		0.452	0.824	0.473	0.457	0.447

注：*** $p = 0.01$；** $p = 0.05$；* $p = 0.1$。

4.7 本章小结

本章量化研究了职住关系、高校创新力与科创企业发展之间的关联性，得出"产城创"融合有利于未来科创园区发展的结论。具体来看：

（1）职住关系与科创企业发展正相关，职住平衡有利于科创园区企业发展；

（2）高校创新力与科创企业发展正相关，高校创新资源溢出在一定程度上可以促进科创园区企业发展；

（3）学术研究型和专业应用型高校创新力对科创企业发展的影响大于职业技能型高校。

　　基于科创企业发展数据、LBS职住大数据以及高校创新资源数据的研究。首先，运用ArcGIS核密度工具和符号绘制工具，分别对反映"产城创"融合发展的科创企业发展指标、职住关系指标和高校创新力指标在大走廊空间分布的特征进行分析和对比研究。其次，运用统计学偏最小二乘回归方法，通过对衡量职住关系的职住平衡指数、通勤距离相关指标与衡量科创企业发展的企业聚集程度、发展规模、创新能力、经营状况、综合实力相关指标的回归分析，研究职住关系与科创企业发展之间的关联性。最后，通过对衡量高校创新力的师资队伍、人才培养、科研实力、学术影响、产学合作相关指标与衡量科创企业发展指标的回归分析，研究高校创新力与科创企业发展之间的关联性。同时，进一步筛选出相关性较显著的高校创新力指标和科创企业发展指标，对比分析了不同类型的高校创新力与科创企业发展之间的关联性差异。

第 5 章

大走廊"阿里系"园区"产城创"融合发展案例研究

大走廊是各类型产业园区共存、城市多元功能空间并置、多种创新要素汇聚、经济社会生态文化共赢的"产城创"高度融合发展的空间。本章选择大走廊"阿里系"科创园区阿里巴巴西溪园区和梦想小镇案例，进行近距离空间尺度的观察研究，从园区的科创企业发展、职住关系，以及与高校创新力融合发展三方面进行深入案例剖析。

5.1 研究概述与案例背景

5.1.1 研究概述

本章选择"阿里系"科创园区案例阿里巴巴西溪园区和梦想小镇,通过多次对大走廊整体以及重点园区案例的实地调研和现场观察,并结合对城西科创产业集聚区管委会(见附录1)园区工作者和企业创始人(见附录2)、居住区居民(见附录3)等在大走廊工作或生活的人群进行对话访谈,获取了空间数据和第一手资料信息,并作案例剖析。

研究主要从园区科创企业发展、园区职住关系,以及园区与高校创新力融合发展三个方面展开。对于园区科创企业发展的研究主要从园区功能业态布局和科创产业发展两方面展开。对园区职住关系的分析以职住数据为基础,结合对园区周边业态分布的分析和访谈调研资料,对园区就业者的通勤距离以及居住地分布情况进行研究。对园区与高校创新力融合发展的研究则主要分析了园区与高校的空间分布关系,并总结了园区承接高校创新资源以及与高校之间互动融合发展的多种方式。

5.1.2 案例背景

本章选择大走廊中具有规模性、前沿性和代表性的"阿里系"科创园区——阿里巴巴西溪园区和梦想小镇为案例,从"产城创"融合发展角度研究科创园区的发展。

阿里巴巴西溪园区是阿里巴巴集团总部所在地,是单一互联网龙头企业巨型实体园区。园区位于大走廊未来科技城核心区,其北邻主轴文一西路,南邻爱橙街,西至高教路,东邻亲橙里商业区块,并于2013年8月正式投入使用(图5-1)。园区以电子商务、网络经济为主导,集办公研发、科技服务、互联网运营、技术培训等功能,打造国际一流的零售和创新基地。

自"互联网+"新兴产业的代表企业——阿里巴巴入驻以来,这里掀起了大走廊互联网创新创业的热潮。2014年,阿里巴巴赴美上市,互联网创业热度持续高涨,特别是浙江省政府在余杭区划出一块地用于集聚互联网创业人才和风险投资

图 5-1　阿里巴巴西溪园区和梦想小镇区位图

机构，以打造互联网创业小镇——梦想小镇。

　　2015年梦想小镇投入使用。小镇位于未来科技城的腹地，西至东西大道，北至宣杭铁路，东至绕城高速，南至和睦路，它距离即将建成的杭州西站枢纽仅2km，规划总面积为3503.89hm²（图5-1），也是浙江省首批建设的特色小镇。小镇以互联网产业为特色，积极承接阿里巴巴及周边企业的互联网溢出效应，是中国城市化的新试验田、众创空间的新样板和国家级互联网创新创业高地。以梦想小镇为代表的特色小镇发展模式和经济形态，它是浙江省和杭州市未来科技城高水平经济发展模式与路径的创新探索，也是"大众创业、万众创新"大走廊发展的重要组成部分。

5.2 "阿里系"园区科创企业的发展

5.2.1　园区空间布局

1. 阿里巴巴西溪园区空间布局

　　阿里巴巴西溪园区规划总占地26万m²，一期项目包括8幢单体建筑和2幢停车楼，采用体块连接等处理与衔接手法，将园区内办公建筑连接为一个整体，集中了办公研发、图书馆、报告厅、餐饮商超、健身会所、健康管理、邮局银行等多

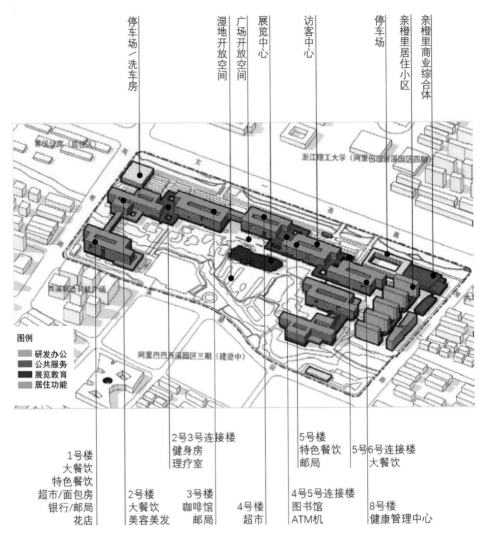

图 5-2 阿里巴巴西溪园区功能布局图

种功能，总建筑面积约29万m²，是功能高度集合化的单一企业巨型实体新型办公园区（图5-2）。

2. 梦想小镇空间布局

梦想小镇采用"有核心、无边界"的空间布局，核心区规划面积3km²，目前建成运营的两期4个模块包括互联网村、天使村、创业集市和创业大街（图5-3），占地总面积约为23.67hm²，建筑总面积21.3万m²。其中，互联网村是大众互联网项目的集散地，重点鼓励和支持"泛大学生"群体创办电子商务、软件设计、信息服务、云计算等互联网相关领域产品的研发、生产、经营和技术服务企业，包括14栋办公建筑和12个由粮仓改造的"种子仓"；天使村重点培育和发展以科

图 5-3 梦想小镇建成区块空间布局图

技金融为核心的科技服务业,搭建天使投资网络,形成互联网金融下的"研究院+孵化器+交流论坛"的发展模式;创业集市由8栋联排建筑构成,聚集孵化器、互联网企业,以及餐饮、住宿、娱乐、健身等配套服务;创业大街致力于移动医疗和智能硬件相关产业的发展,由历史老街改造而成,其互联网众创空间具有江南水乡韵味。

　　梦想小镇在开发过程中秉持着"三生融合、四宜兼具"(先生态、再生活、后生产,宜居、宜业、宜文、宜游)的理念,按照互联网办公要求对其存量空间进行改造提升,植入新功能,并不断完善小镇内部及周边的公共配套。小镇汇聚了办公创业、职住生活配套、精神文化休闲娱乐等多功能空间以满足创业者的不同需求,结合优越的自然生态和历史文化底蕴,形成形态完备、"产城创"互动融合的创业社区空间,并满足创业者的不同生活需求。

　　小镇内部由若干个围合成小院落的建筑组团构成,在院落与街道式的空间形态上置入混合功能,同时兼顾创业者工作、生活和商务需求,统筹布局各功能区块和配套服务,为创客们打造宜居宜业、高效便捷的创新创业生态圈,形成更加细腻的职住关系(图5-4)。小镇总体布局按照办公、商业、公共空间1:1:1的比例。在办公空间上,采用大开间方式以打破各行业间、企业间的物理边界;在居住配套上,引进YOU+公寓、拎包客以打造便于交流的青年公寓,鼓励企业尝试"房东+股东"的盈利模式;在商业和公共服务上,结合互联网的特征搭建社交平台,并引进多种形式的休闲设施,比如众筹书吧、粮库咖啡、便利店、餐厅茶馆、创客健身馆等。通过这样的空间布局方式,引导创业者从分割隔离的办公楼走向分享的大社区,形成小镇特有的创业氛围。

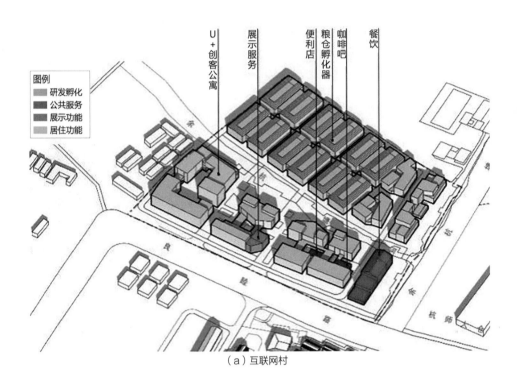

（a）互联网村

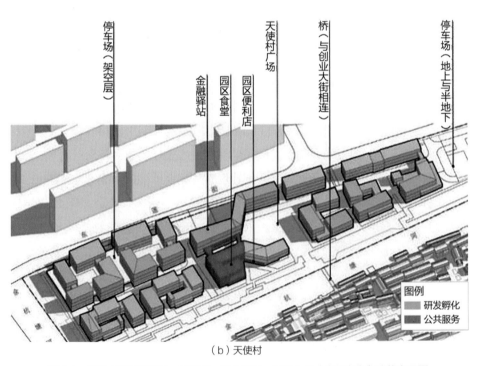

（b）天使村

图 5-4   梦想小镇互联网村、天使村、创业集市、创业大街（仓前老街）功能布局图

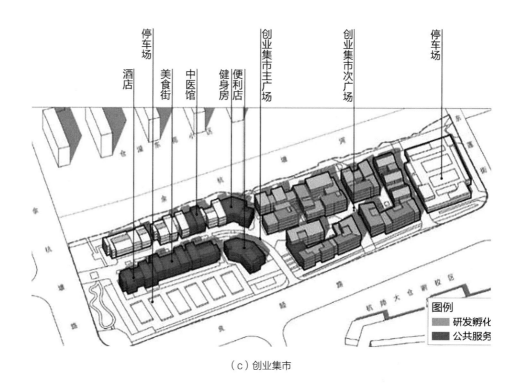

（c）创业集市

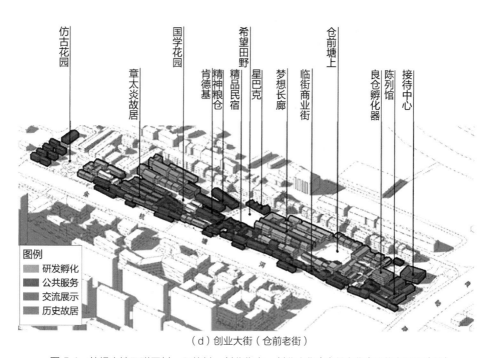

（d）创业大街（仓前老街）

图 5-4　梦想小镇互联网村、天使村、创业集市、创业大街（仓前老街）功能布局图（续）

5.2.2 园区科创产业发展分析

1. 阿里巴巴西溪园区科创产业发展状况

从发展现状来看，阿里巴巴已经成为大走廊科创企业中的"领头羊"，对大走廊的产业发展、经济转型发挥着显著引领作用，并带动区域创新环境和商业生态的提升。阿里巴巴经营多元化的互联网业务，涉及电子商务、网上支付、B2B网上交易市场、云计算、数字媒体和娱乐以及创新项目等，包括天猫、淘宝、蚂蚁金服、钉钉、天猫精灵、高德地图、饿了么、菜鸟、优酷等。阿里巴巴发布的2020年财报显示，2020财年营收达5097.11亿元，相比2019财年3768.44亿元，同比增长35%；同期净利润1492.63亿元，相比2019财年876亿元同比增长70.39%；数字经济体全球年度活跃消费者达9.6亿。阿里巴巴对未来科技城技工贸收入和税收的贡献度维持在80%以上。

阿里巴巴对大走廊发展的贡献主要体现在对科创企业、科研院所、高端人才等创新要素的集聚效应和对衍生企业、高校科研院所、"阿里系"人才的扩散效应两方面。

（1）阿里巴巴西溪园区的发展带动了周边技术、人才、资金等高端要素、上下游企业及配套服务业的快速集聚，并推动产业链在区域内的快速衍生。各类载体大量布局于其相关细分领域以支撑企业和研究机构，且形成紧密创新圈层，使得其创新活动的集聚效应显现。

信息产业的发展在阿里巴巴引领下，中国电信浙江创新园、中电海康集团、中航工业集团等央企以及北京大学工学院、杭州未来科技城研究院等高水平院所研发基地纷纷入驻。阿里巴巴对互联网技术的投入研发，带动了以阿里为核心的整个互联网企业网络的发展和"互联网+"产业集群的形成，成为科创经济持续发展的新引擎。2017年，未来科技城"互联网+"信息产业企业数达到2679家，这是2012年的12.6倍；"互联网+"信息产业收入达2952.74亿元，这是2012年的20倍。阿里巴巴与未来科技城共同开发建设南湖创新小镇，开展整体规划、产业布局、城市配套等相关工作，并致力于人工智能领域研究，促使未来科技城AI产业蓬勃发展和人工智能小镇的成功落地。2020年，阿里巴巴推出健康码，对抗疫和复工复产做出突出贡献，成为"城市大脑"建设的大范例。人才集聚方面，阿里巴巴吸引了尖端人才的快速回流，为未来科技城发展提供了人才保障，其巨型实体总部办公园区空间容纳了约2万名员工。同时，阿里巴巴吸引美国科学院院士、IBM、Google、微软等国际知名机构科学家和大量世界一流科技、金融、管理人才加入企业，为企业的快速成长提供强有力的人才支撑。2014年至今，杭州累计引进人才中的94.1%分布于信息软件、生物医药新能源、金融服务等高端技术产业。未来科技城在人才引进的产业分布上，最多的行业为互联网、电子信息、物联网等科创产业，占据引进人才数量的近一半，这些人才的引进都与阿里巴巴密切相关。

（2）阿里巴巴西溪园区在集聚各类创新要素的同时，发挥着外溢与扩散作用，培育出大量衍生型"阿里系"企业和"阿里系"创业人才，形成创新企业群落，成为未来科技城发展的新增长点。

阿里巴巴以互联网为核心发展了很多周边不同领域的分支，如菜鸟网络、蚂蚁金服、阿里云等，这些"阿里系"企业的诞生与成长有利于大走廊科创企业集群的培育。2017年6月菜鸟智慧产业园的落户促进了未来科技城形成更为完整的电商产业发展生态；2020年阿里云入驻欧美金融城EFC为科技城新业态发展提供新的机遇；阿里巴巴在数字媒体娱乐业务以及其他创新类产业的发展如阿里健康、阿里影业、UC等也有力带动了大走廊文创设计产业的发展。截至2019年底，阿里巴巴电商平台系企业已超过30家，阿里巴巴（杭州）文化创意有限公司、浙江天猫技术有限公司、浙江菜鸟供应链管理有限公司等电商平台企业的纷纷入驻，对于大走廊产业结构优化和信息经济产业集群发展产生重要影响。阿里巴巴的很多员工成为潜在的优质创业者，并选择在未来科技城继续创业。在杭州公开披露工作经历的创业者中，近60%的创业者曾有在阿里巴巴工作的经历。很多从阿里巴巴离职的员工选择自主创业，并创立"前橙会"将阿里巴巴前员工与群体组织保持密切联系，形成一种有脉络关系的帮派式创业图谱，围绕着阿里系产品进行自主创业，成为杭州乃至中国创业生态中的最引人瞩目的一支力量。根据初橙资本和天眼查提供的数据，目前从阿里巴巴离职员工已超10万人，他们中不少人选择了创业，投身电子商务、移动应用、在线旅游、企业服务、金融、教育、文化娱乐、公益等各个领域。杭州是阿里系创业者的首选，并且主要集中在大走廊的未来科技城内。根据元璟资本的2017年BAT创业分析报告，"阿里系"创业公司高达1026家，总估值远超1万亿元，"阿里系"已经成为大走廊地区乃至杭州和全国的重要创业派系。

2. 梦想小镇科创产业发展状况

梦想小镇通过对初创企业和人才、孵化平台、金融服务机构的吸引集聚，以及对科创企业和项目的培育转化，构建创业链、金融链、服务链的三链高度集聚融合的新兴产业集群培育生态体系。

（1）小镇以互联网创业与天使投资为发展重点，充分借力浙江大学、阿里巴巴创新资源，通过对初创企业、创新创业人才、孵化平台、科创项目、资本、科创金融服务和中介机构等各类要素的集聚和整合，形成了世界级"互联网+"创新创业高地。

小镇入驻企业以互联网相关和金融服务企业为主，目前累计注册企业近5000家，遥望网络、灵犀金融、仁润科技等3家企业挂牌新三板，累计集聚创业项目2565个，年缴纳税收约4亿元。230个项目获得百万元以上融资，融资总额达131.71亿元，汇集创业人才21400名。小镇共有孵化平台55家，其中28家位于梦想小镇核心区，以阿里系、浙大系和投资机构主导，包括深圳紫金港创客、良仓孵化器、B座12楼、极客创业营、36氪、湾西加速器等知名孵化器和新型创业服务机构，500 Startups、Plug & Play等2家美国硅谷平台落户，形成了涵盖商务办公、技术研发、市场推广、金融投资、战略辅导等创业环节的孵化培育服务链条。小镇中，浙商成长基金、龙旗科技、物产基金、海邦基金、草根投资、曦澜基金等一大批金融项目和天使投资机构相继落户，集聚各类资本管理机构1453家，管理资本3155亿元，形成了比较完备的金融业态。同时，积极引进财务、法务、知识产权、商标代理、人力资源等中介服务机构。面向初创企业发放创新券，支持企业购买中介服务，为企业发展保驾护航。小镇里涌现的创业项目和投资机构正在用互联网思维渗透传统产业和改造传统企业。"互联网+农业、+商贸、+制造、+生活服务、+智能硬件"等新产品、新业态、新模式层出不穷，为区域经济发展注入了全新动力。

（2）小镇通过科创企业和项目的培育转化，形成了"以众创空间为载体，以特色小镇为孵化核心，以各类科创园区为加速空间，以周边街道工业区块为产业化功能区"的新兴产业集群培育生态体系。

2019年，杭州市138家准独角兽企业中有15家是梦想小镇入驻企业和毕业企业的，数量占比高达11%。从注册企业数量、企业育成率、准独角兽企业数量来看，梦想小镇的创业孵化成效突出。阿里系的良仓、蜂巢、太炎在孵化培育企业方面都较为成功。截至2020年，良仓共孵化60个项目，其中在孵项目49个，获得天使轮企业15家，融资总额6700万；获得A轮企业两家，融资额度1亿。数澜科技、开始众筹、机蜜、E修鸽等准独角兽，以及零零科技、11Star天机书院等优质企业，都孵化于良仓。小镇孵化成功的项目，被积极推介到周边科技园和存量空间中进行加速和产业化，腾退出来的空间又继续引入新项目，形成滚动开发的产业良性发展路径。比如，小镇成功孵化的第一个项目——"遥望网络"，成功后搬入周边的绿岸科技园进行产业化。目前，小镇周边恒生科技园等15个产业园正在申报成为小镇拓展区，在小镇品牌和政策支撑下向新型孵化器、加速器转型，手游村、电商村、健康产业村、物联网村已初步成形。

5.3 "阿里系"园区职住关系

阿里巴巴的快速成长推动了大走廊高端人才的集聚，对城市空间品质和配套服务设施提出了更高的要求，也敦促大走廊不断完善居住、商业、教育、医疗、文体等各类公共配套服务与商业设施，保持对人才的吸引力。自2013年阿里巴巴入驻以来，未来科技城紧抓企业服务，不断夯实基础设施配套服务，先后规划建设了居住区及商业综合体、医院、中小学校、文化中心等大批社区配套服务设施，为园区形成良好的职住关系提供了基础。

5.3.1　园区周边业态分布

1. 阿里巴巴西溪园区周边业态分布

阿里巴巴西溪园区南北两侧分别为园区扩建的四期和五期项目，除西北角邻近海创园、东北角邻近赛银国际广场和西溪联合科技广场外，周边以居住功能为主，分布较多商住小区以及海创园人才公寓等人才保障住房。园区周边充足的居住存量为职工居住提供便利条件，有利于缩短通勤距离、实现职住平衡。

在阿里巴巴西溪园区的中心，分别以1km、2km、3km为半径画圆，观察不同半径范围内阿里巴巴周边的公共服务设施分布情况。可以看出，园区周边2km范围内以街道或社区的教育、医疗设施为主，包括五常社区卫生服务站、海创园门诊部、杭州文澜未来科技城学校、未来科技城第一小学、第三小学等以及阿里巴巴自建的亲橙里商业综合体。园区周边2～3km范围内则以大型商业和文体设施为主，布局了文化馆、图书馆、多功能文体中心、国际演艺中心，以及欧美金融城、海港城等，为更大范围的城市区域服务。南部的五常湿地和东侧的西溪国家湿地生态景观也在2～3km范围内（图5-5）。

2018年4月，阿里巴巴在园区东北角处建设亲橙里商业综合体，为阿里巴巴员工和周边社区提供高端城市配套服务。亲橙里属于阿里巴巴西溪园区的三期，总面积共计约9万m²，包括酒店、底商在内的实际商业营业面积在5万m²左右，功能涵盖了商业、居住及相关配套服务等，是一个专门为阿里巴巴人量身定做的大型商业综合体、低价员工福利房住宅和新零售试验田。其中，商业部分坐落于文一西路和常二路交叉口西南角，地下2层、地上5层，主要业态以餐饮购物休闲为主。紧邻商业部分南侧建设了380套福利房，每套面积87～118m²，共有4种房型。福利房内部售卖的价格仅为市面价格的六成，而且产权归个人所有，旨在关

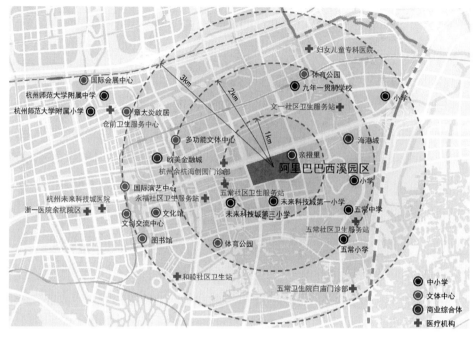

图 5-5   阿里巴巴西溪园区周边公共服务设施分布图

照阿里巴巴内部经济实力弱而又亟须安家的年轻员工。

2. 梦想小镇周边业态分布

梦想小镇的开发与城市存量空间、余杭塘河自然资源和仓前文脉有机融合。梦想小镇依托古街880多年的历史和仓前古镇的旧村落模式，保留了四无粮仓、章太炎故居等历史人文古迹，并为古街提供了除纯旅游开发、工业化带动或房地产驱动之外的开发模式，即以信息化为动力、以人的城市化为根本的新型城镇化之路。仓前老街改造后的房屋仍归原住民所有，政府租用这些房屋并将房屋作为众创空间再出租给入驻企业。

梦想小镇周边分布了仓溢东苑、昌源清苑、万通时尚公馆等居住区，杭州师范大学仓前校区等高校，以及杭州师范大学附属中小学、仓前卫生服务中心、仓前农贸市场、国际会展中心等各类公共服务设施。梦想小镇具有良好的开放空间，并允许周边社区人群如居民、学生等进入园区共享休闲游览场所。

5.3.2　园区职住通勤分析

1. 阿里巴巴西溪园区职住通勤分析

根据LBS大数据统计，阿里巴巴西溪园区共获得员工总样本数1200人，其中在大走廊内部居住的人数为819人，占员工总数量的68.25%，说明约有近七成的阿里巴巴员工在大走廊内部实现了职住平衡。结合现状路网运用ArcGIS平台计算这部分员工工作地与居住地之间的最短通勤距离，得出平均通勤距离约3597m。其中，大部分职工通勤距离在5km以内，尤其集中在1~2km和2~3km这两个距离区间，10km以上极少。5km以内通勤人数603人，占总样本人数的73.63%，说明有近3/4的职且住人群实现了幸福通勤（图5-6）。

园区工作者居住地主要分布在大走廊东部的未来科技城和紫金港科技城一带，尤其是以阿里巴巴为中心的未来科技城区域，以及闲林西、闲林东、闲林居住片和蒋村中心片，福鼎家园、西溪北苑是园区员工居住人数最多的住宅区（图5-7）。人数排名前十位的居住区，除了翡翠城东外，距离阿里巴巴西溪园区的通勤距离均在1~2km范围左右，职住联系十分紧密。

2. 梦想小镇职住通勤分析

根据LBS大数据统计，梦想小镇共获得员工总样本数446人，其中在大走廊内部居住的人数为306人，占员工总数的68.61%，说明

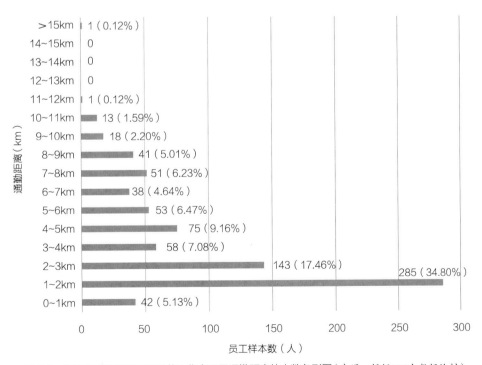

图 5-6　阿里巴巴西溪园区职且住工作者不同通勤距离的人数条形图（来源：根据LBS大数据绘制）

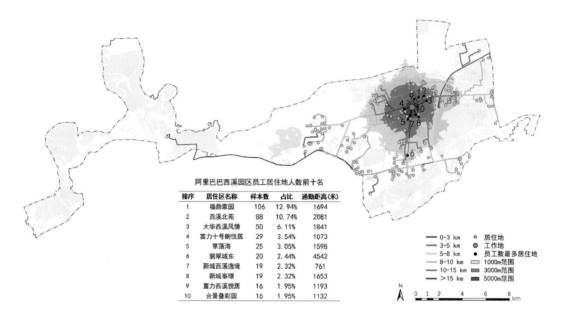

阿里巴巴西溪园区员工居住地人数前十名

排序	居住区名称	样本数	占比	通勤距离(米)
1	福鼎家园	106	12.94%	1694
2	西溪北苑	88	10.74%	2081
3	大华西溪朗悦情	50	6.11%	1841
4	富力十号朗悦居	29	3.54%	1073
5	草荡海	25	3.05%	1598
6	翡翠城东	20	2.44%	4542
7	新城西溪逸境	19	2.32%	761
8	新城峯璟	19	2.32%	1653
9	富力西溪悦居	16	1.95%	1193
10	合景叠彩园	16	1.95%	1132

图 5-7　阿里巴巴西溪园区工作者居住地分布图(来源：根据LBS大数据绘制)

约有近七成的梦想小镇员工在大走廊内部实现了职住平衡。结合现状路网计算得出在大走廊内居住的梦想小镇员工的平均通勤距离约4219m。其中，158名员工通勤距离在2km以内，占总人数的一半以上；5～7km的人数相对较多。5km以内通勤人数188人，占总样本人数的61.44%，说明有超六成的职且住人群实现了幸福通勤（图5-8）。

　　梦想小镇职且住工作者的居住区主要分布在未来科技城，而大走廊东部的紫金港科技城和西部的青山湖科技城也有少量分布。其中，仓溢东苑、昌源清苑是梦想小镇员工居住人数最多的住宅区（图5-9）。在人数排名前十位的居住区中，除了西溪北苑、马鞍山雅苑、梅家桥星苑外，距离梦想小镇的通勤距离均在2km范围内，梦想小镇与周边居住区联系密切。其中，排名第七位的YOU+公寓就位于梦想小镇内部，也是众多创业者选择的主要居住区之一。

　　对梦想小镇企业创始人和员工的职住通勤情况进行调研和访谈，主要访问受访者的工作地和居住地信息、通勤方式、通勤距离和时间、选择居住地主要考虑的因素、对周边各类服务设施的满意度等方面。经调研，梦想小镇员工的居住主要分为青年公寓、农民回迁房、人才房、普通商品房四种类型。

　　第一类是拎包入住的青年公寓，例如YOU+公寓、拎包客青年创客空间等。公寓以单人间或双人间为主，房间面积约在30～40m^2，每月房租在2000～3000元左右。通常一层公共空间可以举办活动，或是开展休闲娱乐项目；二层以上就是居住公寓。YOU+公寓集社交、娱乐、游戏、科技体验和创业孵化等功能，将

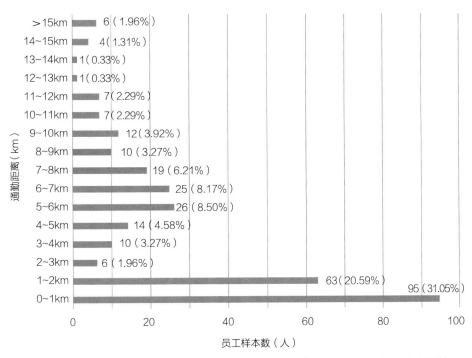

图 5-8　梦想小镇职且住工作者不同通勤距离的人数条形图（来源：根据LBS大数据结果绘制）

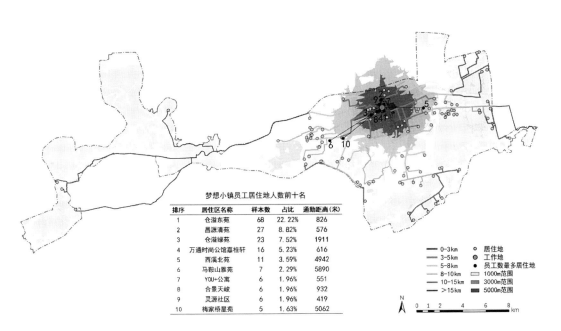

图 5-9　梦想小镇工作者居住地分布图（来源：根据LBS大数据绘制）

年轻人的创业八小时、居住八小时、娱乐八小时融为一体，从而打造了全球首创的众创空间模式。公寓内有128个房间，统一采用Loft形式。房租1700元/月起，采用押二付一的方式支付，一般是公司合伙人入住。拎包客青年创业社区是集居住、创业办公、交友、娱乐为一体的国家级众创空间，创始团队来自浙大系和阿里系。在满足最基本的居住需求外，它将青年公寓变成一个集交流、娱乐、分享和创业于一体的、线上线下联动的平台，为起步阶段的创业者打造一种SOHO式全新众创空间。目前，拎包客入驻企业和团队30余家，4年多来累计孵化项目200余个，"拎友论谈""拎路演""拎书会""拎招聘"等品牌活动累计服务人才5000余人。第二类是由农民房拆迁后的回迁房，比如仓溢绿苑、合景天峻等小区。梦想小镇开发前为仓前镇，有许多农民住房；梦想小镇建成后，这些住房租给小镇员工居住，居住面积以30多平方米为主，租金每月约1000多元。第三类是人才公寓，面积比青年公寓大，大约八九十平方米，但是需要根据不同的学历级别去申请。人才房房租较低，有些是免房租的，政府给予补贴。第四类是普通的商品房，主要集中在老余杭以及闲林居住片，自购房和租住情况都有，距离梦想小镇相对较远。

第七空间孵化器机构负责人表示：由于通勤距离和时间成本过高，住在大走廊外杭州主城区方向的梦想小镇员工较少，除了原本在主城区就有住房或是租住在主城区没有到期的情况，大部分还是以梦想小镇附近为主。大走廊建设早期与主城区距离较远、缺乏大型城市综合枢纽且相关配套服务还未完善，企业招引人才有难度。人才入住不仅是来这里办公的，也是来这里生活的。居住空间以及与日常生活相关的商业、医疗、子女教育、休闲娱乐等相关的配套要跟上，这样才能吸引人才并把人才留下来。现在周边的配套都在有序开发建设中，杭州西站、亲橙里、欧美金融城、浙江大学医学院附属第一医院、学军中学等配套逐步完善后，相信会对吸引更多的企业和人才入驻。

德到科技公司联合创始人表示：自己在老余杭地区购买住房，平时公交出行不便，自己开车上班约20分钟。但地铁5号线开通后，愿意乘坐公共交通上班。平时用餐多在梦想小镇食堂，下班后的活动会在大走廊东部的印象城、西溪湿地附近。附近的欧美金融城商业综合体建成后，对创业的环境有所提升。公司员工大部分在附近都拥有住房，上下班通勤方便。

杭州鹏速网络科技有限公司合伙人表示：自己在闲林居住片区购买住房，平时开车上班约20分钟。其他员工以在梦想小镇附近租住为主。企业合伙人租房有补贴，本科300元/月、硕士400元/月、博士500元/月。平时的娱乐休闲活动多去阿里巴巴旁边的亲橙里，餐饮、超市、影院等功能都可满足。

"良仓"孵化器下的一家互联网公司管理层工作者表示：自己住在大走廊外的

滨江区,在小镇工作之前就已购房,平时通勤时间在1小时左右。考虑到家庭因素,目前不会选择租房。如果再远一点,开车要2个小时那就会考虑租房。

5.4 "阿里系"园区与高校融合发展

5.4.1 园区与高校空间分布关系

1. 阿里巴巴西溪园区与高校空间分布

阿里巴巴西溪园区的发展离不开大走廊内各高校创新资源的支持。从空间分布上看,园区位于大走廊的中心主轴上,除了杭州师范大学、浙江理工大学等高校在3km的范围内,园区周边处于被浙江大学等十余所不同类型的高校包围的状态,这为企业和高校的合作与发展提供了地理空间上的便利条件(图5-10)。

2. 梦想小镇与高校空间分布

梦想小镇东侧紧邻杭州师范大学仓前校区,同时在浙江理工大学和浙江东方职业技术学院的3km辐射半径内,小镇周围高校密集分布(图5-10)。

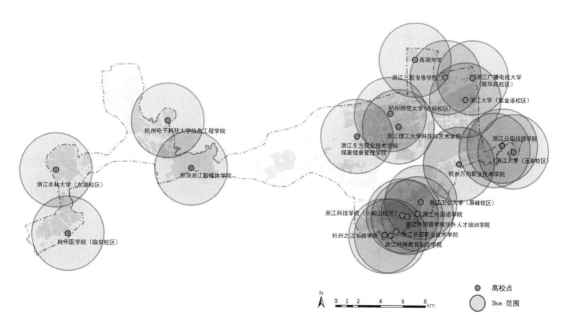

图 5-10　阿里巴巴西溪园区、梦想小镇与大走廊高校空间分布图

5.4.2　园区与高校创新力融合分析

1.　阿里巴巴西溪园区与高校创新力融合分析

阿里巴巴凭借自身的科创禀赋，积极承接周边高校师资、技术、人才等创新资源，通过创办高校、与高校共建学院、共建实验室等科研机构、合作科技创新项目、吸纳与培养人才、资金支持等方式，与大走廊内外各高校开展合作办学、合作科研、合作育才、合作创业，实现了创新资源和平台优势互促互融。

在创办院校和科研机构方面，阿里巴巴于2015年创办了培养拥有新商业文明时代企业家精神的新一代企业家的民办培训机构——浙江湖畔创业研究中心，由阿里巴巴创始人马云出任校长，目标学员主要为创业3年以上的创业者。湖畔中心毗邻梦想小镇，整体占地面积约375亩，一期规划建设约60亩。主体建筑为圆形，四面环水，采用园林的手法组织空间，兼具现代科技教学功能。

在共建学院方面，阿里巴巴与杭州师范大学共建了校企合作学院——阿里巴巴商学院。阿里巴巴商学院拥有一支以阿里巴巴集团高管、专家和社会各界专家学者组成的兼职教师队伍，它融入阿里巴巴优秀企业文化，形成了企业全程参与、创新创业教育全程贯通、与产业发展紧密结合的"阿里巴巴人才培养模式"，走出了一条创新创业型互联网商务人才培养的新路径。

在共建科研机构方面，阿里巴巴与浙江省人民政府和浙江大学共办之江实验室，整合集聚国内外高校院所、央企民企优质创新资源，围绕超级感知、智能网络和人工智能三大领域进行科研布局。2017年5月，浙江大学与阿里巴巴集团签署战略合作协议，在以人工智能为代表的前沿技术、医疗健康、大数据、人文社科等领域开展全面的交流合作，先后成立了AZFT物联网实验室、未来数字医疗联合研究中心、认知智能实验室、互联网法律研究中心等科研机构。2017年，阿里巴巴达摩院成立，并在全球多点设立科研机构。阿里巴巴与高校和研究机构建立了联合实验室，包括浙江大学-阿里巴巴前沿技术联合研究中心、RISE Lab（加州大学伯克利分校）、清华大学-蚂蚁金服数字金融科技联合实验室、中国科学院-阿里巴巴量子计算实验室等。这些研究机构依托高校的研究实力与阿里巴巴自身丰富的数据资源推动着产学合作和企业的发展。

在人才培养与吸纳方面，自阿里巴巴与浙江大学牵手合作以来，作为双方科研合作的项目之一，共有11位阿里巴巴高阶技术人才成为浙江大学的兼职博导，全招收全日制博士生。双方联合申报全国示范性工程专业学位研究生联合培养基地，筹建"阿里云-浙江大学工程师学院数字技术人才培训中心"。根据浙江大学公布的2019届毕业生就业质量报告，阿里巴巴共吸纳189人，包括本科生17人、研究生147人、博士生25人，总人数仅次于华为，位列同期世界500强企业中的第二。

在资金支持方面，阿里巴巴达摩院于2018年发起设立"青橙奖"，每年出资1000万元，面向信息技术、芯片半导体、智能制造等基础研究领域，涵盖了云计算、大数据、物联网、智能传感器等方向，遴选出10名35岁以下的青年科学家，每人给予100万元现金奖励以及阿里巴巴全方位的研发资源支持，包括自由出入阿里巴巴全球各地研发机构的权限，提供数据、场景、计算力在内的研发资源，配备专门的技术与工程团队，帮助青年学者将科学想法落地。从获奖者工作单位来看，大多来自清华大学、浙江大学、北京大学、上海交通大学、中国科学技术大学、中国科学院等全国重点大学和一流学术机构，其中985高校的比例高达90%。

2.　梦想小镇与高校创新力融合分析

梦想小镇为创业者提供了优质的孵化发展平台和初创企业所需的办公空间、政策、资本、项目、技术、人才、金融服务机构、中介机构等。同时，梦想小镇的发展也离不开各类孵化器和初创企业不断入驻所激发的创新创业活力。梦想小镇对于创业人群的定位就是"泛大学生"，高校则为梦想小镇提供了最庞大的人才资源库。在对梦想小镇入驻孵化平台和初创企业的实地调研以及与各孵化器或企业创始人或员工的访谈中发现，梦想小镇与高校之间的联系主要包括高校在梦想小镇创立孵化机构、高校毕业人才成为梦想小镇的创客、高校师资和科研团队为企业发展提供技术支持等方式。

梦想小镇中不乏与高校有着密切联系的孵化机构，如紫金港创客空间、"成电E创"众创空间、浙江大学校友创业孵化器、湾西加速器等。创客中也有许多高校毕业生在以"阿里系、浙大系、海归系、浙商系"为代表的创业"新四军"队伍中，而"浙大系"又是其中重要的一支，如映墨科技、摸象大数据、蓝海科技、太仆汽车等。在梦想小镇企业的孵化和发展过程中，也有不少受到了高校科研团队的技术指导。

紫金港创客空间于2015年由来自浙江大学背景的合伙人共同成立，落户在梦想小镇创业集市7号楼，空间规模近3000m^2，并入选2020年度省级众创空间。紫金港创客空间已经入驻项目30个，入驻率达到70%，孵化成功的成熟团队将搬迁至未来科技城中央CBD区块的紫金港投资大厦，这里有3万m^{2}办公空间。此外，这里也是浙江大学MBA创客班、浙江大学管理学院梦想小镇创业教育培训基地、浙江大学求是强鹰大学生创业实践基地、浙江财经大学实践教育基地所在地。

"成电E创"众创空间成立于2017年年初，场地面积约1030m^2。"成电E创"以杭州电子科技大学创新研究成果、校友科技企业集群、校友创投基金为基础，建设集"政产学研用投"于一体的科创企业孵化器，也是杭州市级众创空间。

湾西加速器是位于梦想小镇的国家级众创空间，聚焦移动互联网和大学生创业，提供创投对接、人力资源、产品及商务等创业服务，尤其是海外资源对接和国际交流孵化，并聘请浙江大学、斯坦福大学、麻省理工学院和硅谷创业者及相关服务机构资深人员担任顾问。

浙江大学校友创业孵化器由杭州浙江大学校友会发起，旨在整合浙江大学校友优质资源，为创业校友提供资本对接、人才招聘、市场开拓、技术合作等方面的支持和服务。孵化器立足于浙江大学校友资源，结合浙江大学校友创业课堂，帮助创业者寻找优秀的浙江大学人才，并已有映墨科技、摸象大数据等浙江大学校友创业团队正式入驻。

在梦想小镇互联网村10号楼的第七空间孵化器中，成功孵化出了由浙江大学研究生创业的"蓝海科技"和"太仆汽车"。由浙江大学工业设计专业毕业研究生创业的"蓝海科技"，以研发设计智能照明灯具为主。经过一年多的孵化，第一代产品上了众筹，公司规模由2位创始人发展到十余人的团队。随着公司规模的不断扩张，办公需要更大的空间，现公司搬迁至恒生电商园中近500m²的场地，并拥有独立的办公空间、会议室和仓库。由浙江大学研究生创立的"太仆汽车"，以设计研发智能无人洗车机为主，并由浙江大学教授负责技术支持。在创业初期，公司将产品实验和迭代放在浙江交通职业技术学院，经过梦想小镇一年多的孵化和种子轮的投资，于是公司又拿到了千万元级别的融资。现在公司已经搬到仓前工业园，并拥有独立的办公楼和厂房。

一些企业创始人或合伙人表示愿意将公司设立在高校附近。比如杭州鹏速网络科技有限公司创始人表示：希望公司可以离高校近一点，以便于培养一些能力较好的实习生或应届毕业生作为公司未来发展的人才储备。如果公司离学校太远，有些学生会因为通勤不便就不愿意过来。在同等条件下，学生更倾向于选择学校周边的企业实习或工作。该公司创始人毕业于小和山高教片的浙江工业大学，公司以前是在留下写字楼办公，当时也有很多浙江工业大学或者附近高校的学生来实习应聘。

此外，梦想小镇为大学生创业提供了政策支持。在《关于建设梦想小镇（大学生互联网创业小镇）的政策意见》中，提出了重点扶持全日制普通高校在校及毕业后10年内的大学生创业者，且企业员工中大学本科及以上学历者占员工总数的70%以上。梦想小镇将提供办公场所租金、补助创业融资资助、云服务补贴及奖励、中介服务补贴、创业者公寓和人才租房补贴等鼓励政策。梦想小镇为"泛大学生"群体提供"3+2"租金优惠，入驻企业3年免租，若3年内获得首轮300万元及以上融资，还可增加2年免租期；入驻团体可获得最高100万元的风险池贷款、30万元商业贷款贴息以及各种物业、云服务、中介补贴。

5.5   科创园区"产城创"融合发展路径

通过上文对"阿里系"园区阿里巴巴西溪园区和梦想小镇科创企业发展、园区职住关系，以及园区与高校创新力融合发展三个方面的研究，总结科创园区"产城创"融合发展路径，即通过"产城创"的融合互促，使产业、城市、创新均获得了更高质量的发展，并最终实现新城区域的综合发展（图5-11）。

（1）科创园区通过"产城创"融合实现了产业的发展，这表现在生产效率提升、产业转型升级，以及创新经济发展。其一，"城"促进了"产"的发展。城市各类要素聚集，承载着区域经济运行的主要活动，为产业发展提供了空间载体。除生产空间外，还在其周边配备了生活空间及配套服务设施等，为工作者提供了宜居宜业的环境，有利于提升员工生活舒适度和交通便捷性，并提高工作积极性和工作效率。其二，"创"促进了"产"的发展。没有"创"的园区，其发展动力

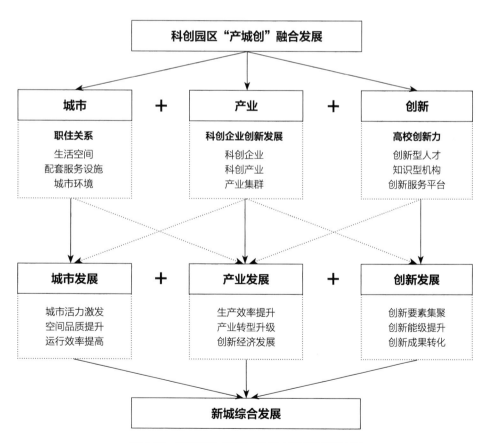

图 5-11   科创园区"产城创"融合发展路径示意图

就不足，难以实现可持续发展。在创新驱动下培育出的新知识、新技术促进了企业由低端劳动密集型传统产业逐渐向高端技术集约型新兴产业升级，其创新技术的应用也有利于生产效率的不断提升。通过人才引进和技术提升，促进了产业由要素驱动向创新驱动转型，吸引创新型企业和人才入驻，增强片区经济活力，实现创新经济发展。

（2）科创园区通过"产城创"的融合，实现了城市的发展，这表现在城市活力的激发、城市空间品质的提升，以及城市运行效率的提高。在"城"促进"产"发展的同时，产业也对城市的发展起到了积极推动作用。其一，产业是一个地区发展的核心，在推进城市化进程和社会经济发展中起到了支撑作用。而城市是围绕主导产业而发展的。以产业化驱动城市化，城市才有生机和活力。其二，产业的发展对城市空间提出了更高要求，它推动了园区周边各类居住、商业、服务配套设施的不断完善，以及城市公共空间、生态文化建设的加强，从而提升了城市整体的空间品质。其三，随着产业周边其他城市功能的完善，园区向城区转型升级，这使得职住地之间的联系更加紧密、职住关系更加平衡，从而提高了城市的运行效率。

（3）科创园区通过"产城创"的融合实现了创新的发展，这表现在创新要素集聚、创新能级提升，以及创新成果转化上。在"创"促进"产"发展的同时，产业也对创新的发展起到了积极推动作用。其一，科创产业的发展离不开创新要素的支持，企业发展需要吸引大量的创新型人才，以及知识型机构和各类创新服务平台的支持。这有利于开展持续有效的创新活动，并形成良好的创新氛围，从而进一步增强了该地区对创新要素的吸引力和集聚力。其二，为适应产业发展的需求，企业也会不断对创新人才、创新技术、创新平台等提出更高要求。这反过来促进了高校等创新主体自身创新能力的增强和创新能级的提升，以应对产业发展的需求变化。其三，创新成果需要落地转化成生产力才能发挥其作用。产业是吸纳创新成果的主体，为成果转化提供了良好的平台，这有助于各类创新成果实现转化。

综上所述，在"产城创"融合作用下，产业、城市、创新三者都实现了向更高质量的发展，科创园区形成了以产业为支柱、以城市为载体、以创新为驱动的"产城创"融合发展模式。

5.6 本章小结

　　本章选择了大走廊中具有规模性、前沿性和代表性的 "阿里系" 科创园区——阿里巴巴西溪园区和梦想小镇为案例来研究 "产城创" 的融合发展。通过对案例剖析发现，案例园区科创企业发展较好，园区自身和周边具有多种功能高度混合的城市社区空间，并且距离高校较近，更便于承接高校输出的师资、人才、技术等多种创新资源。园区职住关系紧密，且与高校创新资源互动融合，这有利于科创企业发展。同时，阿里巴巴自身的发展也带动了梦想小镇等周边一大批科创园区和产业的发展，激发了周边社区的活力，并不断向外扩散创新效应。

　　基于大走廊地理空间数据，本研究结合实地调研获取的第一手数据和对园区工作者的现场访谈资料信息，从园区科创企业发展、园区职住关系，以及园区与高校创新力融合发展三个方面展开研究。在发展方面，园区的企业规模、创新能力、经营状况、综合实力等多方面发展状况较好，在同类型中均处于领先。在职住关系方面，园区周边业态混合，职住关系联系密切，获得5km内幸福通勤的比例较高，员工对园区周边社区功能配套服务较为满意。在园区与高校创新力融合发展方面，二者关系密切，多以校企共建、人才输出、技术输出为主，主要的合作方式包括企业和高校共建科研机构、实验基地、院校，以及高校向园区和企业输送创新创业人才等。

　　基于对案例的分析，本研究最后总结出科创园区 "产城创" 融合发展的路径，即通过 "产城创" 的融合互促，产业、城市、创新均实现了向更高质量的发展，科创园区最终实现以产业为支柱、以城市为载体、以创新为驱动的新城区域的综合发展。

第 6 章
总结与展望

6.1 研究结论

本研究以代表我国最新科创园区发展趋势的杭州城西科创大走廊为例，关注"互联网+"创新经济下以科创为主导的新城园区"产城创"融合发展，并得出主要结论："产城创"融合为未来科创园区提供了极具活力的发展模式。

（1）科创园区"产"与"城"的发展存在相关性，其"城"可以促进"产"的发展。城市职住关系平衡有利于促进科创园区企业发展。同时，科创企业的发展也有利于带动周边社区功能空间的完善和发展。

首先，从工作者和居住者的职住地分布来看，在工作地的附近居住可以促进企业的集聚；在居住地的附近工作可以促进企业的发展。居民在居住区周边工作，在指标上表现为居住者平衡指数的提升，有利于科创企业在该区域的聚集。高科技人才在园区周边居住，在指标上表现为就业者平衡指数的提升，有利于该区域科创企业的发展，突出表现在企业的经营状况、创新力以及人员规模方面。

此外，产业空间和居住空间邻近，在一定程度上有利于科创企业的发展。然而，职住空间距离过于紧密，反而可能产生不利影响。5km内通勤人数的增长，表明幸福通勤的人数越多越有利于科创企业的发展。

（2）科创园区"产"与"创"的发展呈显著正相关，特别是"创"可以促进"产"的发展。高校创新资源的溢出有利于促进周边科创企业的集聚和发展。同时，科创企业的发展也有利于高校创新力能级的提升。

从整体来看，高校在师资队伍、人才培养、科研实力、学术影响、产学合作等方面创新资源能级的增强，在一定程度上有利于科创企业的集聚和发展。其中，高校教职工人数、科技课题数、篇均被引量对科创企业发展的积极影响最大。具体来看：高校提升师资队伍水平有利于周边科创企业的聚集。壮大师资队伍、加强对科创人才的培养、提升科研实习和学术影响力，有利于科创企业发展规模的扩大；增强科研实力、扩大学术影响力有利于科创企业创新能力的增强。高校在师资队伍、人才培养、科研实力、学术影响、产学合作等方面创新资源能级的增强，在一定程度上对企业经营状况和综合实力的提升均有促进作用。

对比不同类型高校发现，学术研究型高校和专业应用型高校的创新力对科创企业发展的影响程度要大于职业技能型高校。具体来看，三类高校的相同点是：

师资队伍的扩大、产学合作的加强均对周边科创企业发展规模、创新能力、经营状况的提升有积极影响，特别是科研实力的增强有利于企业发展规模的扩大。不同点是：在学术研究型高校和专业应用型高校中，增强科创人才的培养和学术影响力将对科创企业发展有促进作用，但是在职业技能型高校中，其影响作用不显著。

（3）"产城创"融合有利于激发科创园区活力、实现新城综合发展。

科创园区通过"产城创"融合，使得产业、城市、创新三者都实现了向更高质量的发展。产业发展表现在：生产效率提升、产业转型升级、创新经济发展；城市发展表现在：城市活力激发、城市空间品质提升，以及城市运行效率提高；创新发展表现在：创新要素集聚、创新能级提升、创新成果转化。最终，科创园区实现了以产业为支柱、以城市为载体、以创新为驱动的新城区域综合发展。

6.2　大走廊经验对未来科创园区发展的建议

科创园区正逐步向科创新城发展，未来新城园区规划应当重视"产城创"融合发展，并对城市空间和土地的混合利用方式进行考虑。同时，充分重视不同类型、不同层级的高校等创新资源的重要性。本研究希望通过对大走廊科创园区"产城创"融合发展展开分析，总结代表我国科创园区最新发展趋势的大走廊经验，为我国其他面临相似发展背景和机遇的新城规划和科创园区发展提供借鉴。

（1）在新城或园区规划实践中，根据园区规模和城市未来发展趋势配置充足的居住容量以及合理的居住区位置分布。

在科创园区周围适量规划并混合布局居住功能空间，这不仅为园区工作者提供生活空间，也能够与园区形成更加紧密的职住关系。这种职住之间的密切联系将有利于科创园区企业的集聚和创新发展，对于促进科创经济的发展、激发城市新活力具有积极影响。

（2）提供良好的居住和公共服务配套，让人才不仅"引进来"，更要"留得住"。

在新城开发初期，居民多为从事传统产业或农业的本地原住民，缺乏高科技的知识和能力。他们提供了大量廉价的劳动力，并需要更多企业提供就业机会，这在一定程度上促进了企业的集聚，尤其是一些与科技创新产业链相关的服务业，以及由传统制造业转型而来的智能装备制造业的企业。当产业集聚达到一定规模并产生积极效应时,又将吸引更多的企业入驻。但是,科创园区要想实现长远发展,除了企业在数量上的集聚外,更需要不断提升企业自身在质量上的发展水平。对于以科技创新为主的新城科创园区,员工主要是从事高科技产业、具有一定知识水平和创新能力的高端人才,他们为科创企业的创新和发展提供了持续的强大动力。新城产城园区的发展除了要大力引进人才之外,更应该关注如何留住人才,为他们"留下来"提供良好的居住和生活条件,并让他们在这里安家落户。这也将对科创园区企业的发展产生积极的影响。

（3）**采取更灵活的城市土地混合利用方式:产业与居住空间应在适当的中尺度上混合,二者距离要近,但又不能太近。既能保持紧密的职住关系,又能保证居住区的独立性和居民的生活质量。**

在5km内通勤,这意味着工作地和居住地之间的路程距离在5km范围内,也使得人们拥有合理可控的通勤时间和多种交通工具的选择,并在通勤途中更具幸福感。相对来说,花费在上下班途中的时间不会过长,可能更有利于员工工作效率的提高,这对于企业的发展是有积极意义的。然而,本研究也发现,幸福通勤者比例的提升和平均通勤距离的缩短,对企业的发展可能存在抑制作用。这说明,通勤距离并不一定越短越好,工作和居住空间的混合需要建立在一定的范围和空间尺度上。一方面对园区来说,产业集聚需要充足空间载体。如果邻近园区周边建设了过多的居住和公共配套服务空间,将会占据企业自身发展空间,不利于产业链的形成和产业集群效应的发挥;另一方面,对于居住区和居民来说,与园区距离过近也会带来一定负面影响,这破坏了居住区相对的独立性和完整性,不利于保障居民的生活质量和居住的安全性,这也会令他们工作和生活之间的界线变得模糊。人们需要一个缓冲地带将工作和生活隔离,让身心彻底放松。

（4）**重视高校创新平台在科创园区发展中的创新源动力作用,整合并充分利用现有创新资源,优化高校与科创园区的布局,加强高校与科创园区的联系,保障科创产业的多元化支持。**

科创园区是高校科研成果转化的重要基础、城市未来发展的主要土地利用类型和空间载体、城市创新空间网络的关键节点,它们为高校和科研机构提供了研究成果转化平台。在创新驱动的发展背景下,科创园区企业要充分重视高校等各类创新源动力的作用,保障科创产业的多元化支持。高校作为智力、技术、人才等创新要素的重要来源,将为未来城市创新区尤其是高校周边科技创新区的发展提供强有力的支持。高校提升师资队伍水平、加强科创人才培养、增强科研实力和学术影响力、推动产学合作,对高校周边科创企业的发展起到了积极的促进作用。

（5）积极引进国内外顶尖高校，进一步锚固创新资源禀赋，形成"顶尖学术研究型和专业应用型高校+高端职业技能型高校+科技园区"的多层次网格化创新融合圈。

一方面，要突出学术研究型高校和专业应用型高校的创新引领作用，加强与国内外顶尖大学展开合作，引进国内外顶尖高校入驻建设分校，引进优质创新资源；另一方面，要充分发挥职业技能型高校的支撑作用，提升高端职业技能学校的创新质量，补足高级技工人才培养欠缺的短板，加强对科创企业的创新要素溢出。

6.3　研究创新点

（1）提出"产城创"融合概念。以"科创企业发展"反映"产"，以职住关系反映"城"，以高校创新力反映"创"，从不同维度选择指标并运用回归方法分析指标关联性，从"产城创"融合角度研究科创园区发展。

"产城创"融合，即在以往的"产城"二元关系中加入"创新"要素，形成"产城创"三元融合关系，这是在创新驱动发展时期对城市空间规划研究关注的产城关系的全新拓展。

在对科创园区"产城创"融合关系的量化研究中，首先，根据国家行业标准以及相关文献，以"科创企业发展"反映"产"，从企业聚集程度、发展规模、创新能力、经营状况、综合实力方面选择衡量科创企业发展的指标作为因变量。以职住关系反映"城"，从职住平衡指数和通勤距离方面选择衡量职住关系的指标；以高校创新力反映"创"，从师资队伍、人才培养、科研实力、学术影响、产学合作选择衡量高校创新力的指标，分别作为自变量。其次，运用偏最小二乘回归方法，通过分析职住关系、高校创新力与科创企业发展的关联性，并以此反映"产""城""创"三者的融合关系。

在对科创园区"产城创"融合关系的案例研究中，从园区的科创企业发展现状、园区的职住关系，以及园区与高校创新力融合发展三个方面展开。通过"产""城""创"要素的相互合作与资源优势整合，实现产业发展、城市发展、创新发展，并最终实现新城整体更高质量的综合发展。

以"产城创"融合的全新角度去观察具有一定代表性和典型性的研究对象——杭州城西科创大走廊的科创园区发展，这可为国内其他处于相似背景和机遇下的新城园区规划实践提供借鉴。

（2）**结合传统数据和大数据，从多层面定性定量综合分析科创园区的发展。**

由于研究对象——城西科创大走廊的发展历史较短，非行政区划范围且由三区分治，研究"产城创"融合发展的传统统计数据不全，单一数据又难以支撑研究。考虑到现实困难，本研究综合运用多元数据，在定性定量相结合的基础上研究科创园区"产城创"融合发展模式。

通过资料搜集、实地调研访谈、网络爬取、手机位置服务等多种手段获取了多元数据并作为研究基础，这具体包括基于互联网公开数据爬取的科创企业发展数据、基于手机位置服务的职住大数据、基于统计年鉴和互联网的高校创新资源数据、基于规划图纸和实地观测的地理空间数据等。其中，科创企业发展数据被用于计算科创企业发展指标；基于位置服务的职住大数据被用于计算职住关系指标；高校创新资源数据被用于计算高校创新力指标；地理空间数据被用于分析大走廊"产城创"融合空间特征。

多元数据可以相互弥补不足，这使得传统研究面临着方法和研究范式上的转变，并对城市规划领域研究方式的拓展具有创新价值。

附录 **1**

城西科创产业集聚区管委会访谈记录整理

访谈时间：2019年3月21日

访谈地点：城西科创产业集聚区管委会301会议室

访谈对象：李传江 城西科创产业集聚区规划建设局局长

访谈内容：

Q：城西科创产业集聚区与城西科创大走廊是什么关系，城西科创产业集聚区管委会的主要工作主体主要是集聚区还是大走廊？

A： 杭州城西科创产业集聚区建立于2012年，现在由城西科创产业集聚区管委会（以下简称管委会）统一协调管理，主要关注余杭区与临安区的科创产业，总面积302km²，相较于杭州城西科创大走廊（以下简称大走廊）多出了余杭北面的村庄用地部分，缺少了紫金港科技城的部分。

杭州城西科创大走廊建立于2016年，其规划建设领导小组办公室设于管委会内，由管委会行使办公室的职能。大走廊长约33km，总面积为224km²，横跨西湖区、余杭区与临安区。与集聚区相比，城西科创大走廊区域更长，面积更小，集聚了3个区科创产业建设用地比较集中的区域。最近几年发展优良，经济发展速度可达全市平均水平2倍以上。

大走廊与集聚区叠合总面积382km²。管委会目前主要工作对象是大走廊，产业集聚区的概念近几年比较少提。杭州城西科创大走廊规划建设领导小组包含市级相关部门、3个区区政府、管委会，其领导小组办公室设于管委会内。管委会仅起到牵头协调工作，三城的具体行政事务、财务方面等主要受到3个区区政府的领导。管委会一把手是副市级领导，部门由一办三局构成。

Q：大走廊的边界范围是如何界定的？未来有考虑突破现有边界发展吗？

A： 大走廊边界首先要把重点企业和高校框进来，再依据道路确定范围。杭州城西以大走廊为核心如何带动辐射周边、一体化协同发展是当前考虑的议题。大走廊具有先天的自然环境优势，科创产业今年来发展势头迅猛，但土地空间资源集约。未来科创产业发展除了研发外，也会有中试、生产基地，有向外转移、拓展的客观需求。

Q：科创大走廊发展目前具备的发展条件有哪些？

A：大走廊已经从粗放式"造城"向品质化"营城"发展，而营城要更加关注空间品质，注重空间渗透和融合。现在所具备的发展条件：一是生态本底资源好，有西溪湿地、五常湿地、和睦湿地，青山湖、南湖；二是人才集中，有大学和科研院所支撑；三是交通便利；四是资金支持。特别是社会资本、风投资金活跃，还有浙江民营经济发达，这方面有优势；五是政府环境。浙江的政府环境很好，政府对科创支持；六是示范效应。

Q：大走廊发展主要限制条件是什么？

A：一是跨行政区、行政边界，在行政管理上难以整合。大走廊横跨西湖区、余杭区、临安区，管委会仅起到牵头协调工作，三城的具体行政事务、财务方面等主要受到3个区区政府的领导。实行"三统三分"：统一规划、统一重大基础设施建设、统一重大产业政策和人才政策，分别建设、分别招商、分别财政。

二是受土地政策和城市开发边界限制，未来开发空间和可用建设用地有限。目前，大走廊的建成区已经达到117km²，已批准使用的建设面积为141km²，所以余下可用于发展的用地不足30km²，其余很多是基本农田或城市开发边界之外的用地。按照目前每年6～7km²的建设速度，几年内这些用地就会开发完毕。用地紧张已成为职住分离的重要原因之一，其主要应对措施从过去增量高速发展阶段到现在实现"增存并举"。例如，对闲林、老余杭等镇区民居点、农民点进行二次改造。

三是多规不合一限制了大走廊的进一步发展。土地利用规划和城乡规划冲突占到30%，成为阻碍大走廊发展的重要因素。比如，省里重点打造的汽车西站所在的用地在城乡规划中是建设用地，但在土地利用中却是农用地，因此实施层面存在困难。

Q：大走廊科创产业发展面临怎样的机遇与挑战？

A：杭州近几年依托阿里巴巴、互联网经济、信息经济等，其数字经济总量位居全国前列，但基础科学研究相对薄弱。各类高校和科研机构是基础科学的研究主体，大走廊注重补足这个短处，近几年已经有相关势头。大走廊内部进行基础科学研发的例子，比如依托浙江大学和阿里巴巴打造的之江实验室、西湖大学、浙江大学超重力实验室等。

大走廊一方面围绕大项目进行建设，比如之江实验室、阿里达摩院；另一方面又为初创公司提供孵化场地，比如梦想小镇、人工智能小镇、海创园等。大学生等创业群体带着笔记本电脑就可以入驻，按工位出租。只要项目足够好，就可以为其免费提供办公场地、青年公寓，甚至天使基金、风投资金。略有规模的公司入驻，根据项目阶段不一样提供不同的优惠条件，减免租金等。但对创业者有成果要求，如产品投入生产、技术专利等。

Q：大走廊内部具体产业分类是怎样的？

A：产业分类是以对现有产业的梳理为基础。未来科技城，其产业有人工智能、信息经济、数字经济；青山湖科技城，其产业有装备制造、芯片制造、新能源汽车；紫金港科技城，其产业有云计算、医药康体。

产业发展导向：一个引领，六个重点培育。"一个引领"：以新一代信息技术产业为引领，重点集聚未来网络、云计算和大数据、电子商务和物联网等产业；"六个重点培育"：人工智能、生命科学、新能源汽车、新材料、科技服务、新金融。但是，目前来看还需要进一步聚焦，最好聚焦到两三个产业。

Q：大走廊中尚存在一些传统产业园区，与当前的大走廊的科创定位不符，如何对待传统产业？产业改造升级相关措施又如何？

A：在原来的上位规划中，大走廊主要是作为生态旅游西进、生态保护的作用，产业发展以一些小的工业园区和工厂为主。2010年后大走廊发展加速，尤其是在海创园、浙江党委党校、杭州师范大学、阿里巴巴西溪园区等相继建成之后，呈现爆发式增长。

老厂区面临产业提升改造，一部分升级成"2.5产业"，成为创新园区，例如西湖科技园。当然，也有一部分由于历史原因和产业自身发展需要，依然存在。因为产业本身也是多元化的，除了以科创为主外，也需要一些中试、制造类的企业。临安区以制造业为主，上下游的产业链条不完善，很多生产都放在临平。目前，有污染的产业不能在大走廊内进行，但是完整的产业链中一定会涉及有污染的产业，所以要有的放矢地在大走廊中安排工业。

为了契合未来的发展，大面积的改造升级不可避免地会造成企业流失。以前对办公空间的市场需求量很大，由于办公空间不够，所以居住楼里就有很多公司在办公。2001—2002年，办公空间的价格高于住宅价格。但现在，很多办公楼改为酒店式公寓，以致办公楼空置率高，空间过剩。真正的科创企业的空间需求未必有想象得那么多，会存在部分写字楼用作商务公寓的现象，而不是用于办公。一味地拆除老厂房而去新建写字楼的做法也未必是合理的。

Q：大走廊公共服务配套建设状况如何？

A：由于"一廊三制"，所以配套建设仍存在短板。尽管临安区和余杭区已经纳入市域范围，但大走廊涉及的3个区在教育、医疗、基础设施、社保等方面的政策和资源不同，以致其吸引力受到影响。

比如在教育方面，余杭区、临安区虽然也有好的学校，但整体比不上主城区。余杭区和临安区的学生由于本区与杭州市不同的政策，所以只能报考当地的学校，并且主城区面向外部招生的数量也是有限的。公交线路也因余杭、杭州各自的财政补贴不同，短时间内难以整合合并，所以区际交通并不方便。此外，社会保障也有一定短板，缺乏吸引力。未来余杭区、临安区与杭州主城区会有同城化趋势，只是时间问题。人才居住方面，大走廊有相应的优惠政策。同时，近期会新建5万套公租房，远期新建10万套。但公租房的入住条件有工资上限，这在一定程度上限制了相关人才的入住。除此以外，医疗资源也是主城区的好，不同区划内人们享受的社保也有区别。

Q：大走廊职住通勤状况如何？在改善职住关系方面又有何举措？

A：目前，有人在主城区上班，住在城西；有人在城西住，在主城区上班。这导致了东西向交通压力大，职住不匹配。即便是东西向的交通更方便了，也难以缓解这种潮汐般交通。大交通建设使得城西与主城区以及其他外部地区的联系更加方便，但是这并不能解决大走廊内部职住平衡的问题。

大走廊针对提供更便利的交通、更舒适的办公环境、更完善的配套（浙医分院、公租房等）、更优美的环境（公园绿地绿道）等方面提出了分项行动计划。注重解决产城融合，就要解决年轻人才的居住问题。公租房近期规划建设5万套，远期规划建设10万套。主要的措施有：加大学校、医院公共服务配套建设，增强对人的吸引力；相应的政策与主城一致，打破政策壁垒实现同城化；打通职与住之间的公共交通；加强生态营造，改善生活环境。

Q：科创大走廊是否有为来大走廊工作的优秀科研人才提供相应的住宅优惠政策？

A：有提供公租房的优惠政策，公租房的租金会比市场价格要便宜大约1/3。要获得居住在公租房的资格，需要向企业提出申请，由企业进行相关审核后给出相应的证明，从而取得入住的资格。但公租房的政策设置中也有存在争议的地方，比如，公租房的申请条件之一是申请者收入水平需要较低，但该政策却又是针对来大走廊工作的高科技人才设置的，理论上这一类的人才收入水平会较一般从业者更高，所以这个政策存在一些互为悖论的设定。

另外，大走廊现阶段共有2000多套公租房，与实际需求相差甚远，设施配置严重滞后。根据理想的规划，希望公租房在短期内能达到5万套的数量，长期发展的目标则是希望拥有10万套公租房。

Q：大走廊产业与高校如何联动发展？

A：它们的内部联系肯定是有的。比如有浙大系在这里研发、创业，大走廊周边的高校、科研机构、实验室也都在进行研究，其研发成果在中试基地生产样品。

Q：大走廊内部三城、三区如何协同发展？由于空间上的割裂和其他因素，要怎么组合在一起才能发挥出更大的作用？

A：三个城代表了各自不同的利益。如果处理不好，就容易变成相互竞争的关系，比如企业资源的互相竞争等。

一是对大走廊内3个科技城的产业定位、发展方向要有明确的统一规划；

二是加快各区之间的廊内交通联系，加快青山湖科技城到未来科技城之间的交通连接，以及留石快速路西沿线建设，增强廊内交通联系；

三是加强3个科技城沟通交流，避免同质竞争，发挥领导小组协调作用；

四是不同企业之间的协同合作，实现三城的资源互补。例如，中电海康将不同的产业分布在未来科技城和青山湖科技城。

Q：对于小尺度中的城市空间，是否有针对性的政策来推进建设有活力的城市空间？

A： 通过"湿地湖链、创新趣街、共享客厅"三大空间营造策略，塑造城西科创大走廊地区公共空间的核心骨架。

湿地湖链：以"西溪湿地、五常湿地、和睦水乡、南湖、苕溪、青山湖、余杭塘河等生态空间为核心"，营造大走廊中央湿地湖链，塑造彰显城西气质的魅力骨架。

创新趣街：形成"1条中央趣街、8条片区趣街、40条左右活力绿街"三个层次的创新趣街体系，营造激发创新活力的街道空间系统。

共享客厅：形成"1个门户客厅，6个湖链客厅、30个小镇客厅和100个左右的邻里客厅"四个层次的共享客厅体系，构建促进创新交往的中心体系。

附录 2

大走廊科创园区企业创始人和工作者访谈记录整理

访谈大纲：

（1） 收集受访者个人基本信息、工作信息、居住信息。

（2） 您创业的办公地址选在此地的原因是什么？

（3） 除了公开政策中的人才补助等福利以外，有没有一些创业方面的辅助政策，如帮忙整理财务、创业培训等？

（4） 目前来说，在这里办公有什么问题？会长期在这里吗？如果公司发展势态较好，会选择哪些类型的办公地？

（5） 这里存在不同类型的企业，您认为这样的环境对您公司发展有帮助吗？更多的是竞争还是合作？

（6） 随着周边不同业态的不断完善，如教育、居住等，这会对公司选址或者招聘有帮助吗？

（7） 您在选择居住地时主要考虑何种因素？更偏向于住在公司周边、西边的临安还是东边的主城区？

（8） 贵公司的人员构成大致如何？工作者的居住地分布大致如何？

（9） 您在城西科创大走廊的交通体验如何？是否会选择公共交通出行？您认为哪方面需要提升？

（10） 您对周边的各种服务设施（商场、餐厅、停车场和公共交通站点等）是否满意？您认为哪方面需要重点提升？

1号受访者基本信息：

受访者：吕女士

年龄：30岁左右

职业：孵化器机构负责人

所属公司：梦想小镇第七空间

访谈记录:

Q: 您能简要介绍一下梦想小镇和第七空间孵化器机构吗?

A: 梦想小镇是2015年3月28日开始运营的,主要以科技型互联网创业项目为主。

我们这里是梦想小镇的互联网村区块,以创业项目为主。对面天使村区块是金融机构和银行。梦想小镇的创业大街和创业集市以商业配套为主,还有一些优秀的个体企业。梦想小镇落地在这里的主要区位因素是旁边有阿里巴巴和杭州师范大学。

"第七空间"依托《杭州日报》资源,位于互联网村10号楼,现在共有十几家公司入驻办公。自入驻以来,共培育孵化了50多家创业公司。我们为创业者提供创业服务和投融资服务,帮助他们孵化成长。

Q: 请问第七空间与梦想小镇是何种关系?

A: 梦想小镇整体是政府打造的园区,它的管理依托未来科技城管委会下设的办公室。梦想小镇单独的招商运营机构数量不多,因此,将每栋建筑(比如10号楼)交给专业的孵化机构来运营。目前,大概有四五十家依托于不同资源的孵化运营机构。比如,我们是依托《杭州日报》媒体资源,此外,还有依托"浙大校友会"资源、"阿里系"资源等进行孵化服务的。通过孵化机构管理众创空间对梦想小镇来说更方便。

Q: 你们是依托《杭州日报》的资源,对于企业的选择有什么特殊要求吗?

A: 企业入驻梦想小镇的首要条件必须是科技型、互联网型或者文创型企业。每个孵化机构依托的资源不同,选择的类型也不太一样。比如,我们是综合性的孵化平台,选择企业涉及智能硬件、大数据、电商、文创类;旁边的"蜂巢众创空间"依托"阿里系"资源,它更倾向选择电商类、平台类的项目;还有"眼见VR"孵化器,它主要针对无人机、VR、AR相关的项目;"马达加加"孵化器主要依托的是房地产商,因此,它选择的企业主要是智能家居服务、智能家装系列;"文创新势力"依托的是文创集团,因此,其文创项目会多一些。所以,孵化器主要还是根据依托资源的不同来筛选项目。

Q: 请问不同公司的更新流动是由什么因素导致的?

A: 孵化器都有类似的孵化毕业和退出的机制,一般在1~2年。对于这样的企业我们一般会有两种方式。一种是孵化成功了:企业拿到一定融资、获得一定营收或者团队达到一定规模,就可能毕业搬到大走廊的其他区块,比如未来科技城或者附近板块,以寻找新的空间和场地。另一种是转型或退出:比如企业转变项目创业方向,或者项目停滞、公司清算,我们就会让它退出。我们本身也是一个投资机构,也会投资入驻的项目跟企业,对它进行种子轮、天使轮这种百万元以下级别的投资。

Q：您刚才提到会给企业在城西科创大走廊内寻找其他的空间。有没有一些案例？

A：有2个比较典型的项目。一个是"蓝海科技"，它是一名浙江大学工业设计专业的研究生创立的，以智能母婴灯及整体光源系列为主，也涉及台灯等其他品类。起初有2名创始人，经过一年多的孵化，第一代产品上了众筹，后来发展到十几个人的团队。团队不断壮大后，原有空间不够，我们帮他们在仓前工业园区的恒生电商园拿到了约四五百平方米的场地，公司搬过去后就有了办公空间、会议室和仓库。

然后还有"太仆汽车"，创办者也是浙江大学研究生，创始团队只有一两个人，技术支持是浙江大学的教授，生产智能无人洗车机。其设备有2个特点：一是没有进出水口和污水排放，拥有过滤膜专利，可实现水的循环利用；二是全自动，无须人工操作。这家公司也是在我们这里孵化了一两年左右。刚开始，我们对它进行了种子轮投资，现在"太仆汽车"已拿到千万元级的融资。目前，它已搬到仓前工业园区，并有了自己的办公楼和工厂。

Q：如果企业需要生产加工空间，而在这里孵化的时候却只有办公楼，请问产品的生产地点在哪里呢？

A：杭州只有三墩地区有一些比较成熟、价格合理的生产线。所以很多企业会把生产线放到广东、福建等成本和规模相对较好的地区。杭州这里是以技术研发为主，小型的生产型企业并不具备优势。

比如，"蓝海科技"产品需要零件的生产和组装。它最初一批小样的生产线放在附近的三墩镇，方便技术研发人员亲自下流水线帮助工人、监督进度。等到发展比较成熟、销量逐渐增长后，企业会扩大生产，把生产线搬到其他地方。

再比如，"太仆汽车"的很多产品都是自己设计生产的。它与浙江交通职业技术学院合作，因此，产品最早是放在那里进行实验和迭代的。拿到千万元级融资后便开始在仓前工业园区内自己的工厂进行生产。

Q：关于居住方面，梦想小镇的这些创业人员大部分是住在哪里呢？

A：居住有几种情况：第一种是拎包入住的单身公寓。这种有点像学校宿舍，一般一到两人一间，三四十m²左右，每月租金两三千元，比如拎包客、菜鸟公寓、小镇内供公司合伙人入住的YOU+公寓等。一楼公共空间可以举办各种活动，比如唱歌或看电影，楼上是创业公寓。

第二种是回迁房。因为这里原来是农民居住的区域，农民拆迁后会有回迁房，诸如仓溢绿苑、合景天峻等小镇附近的小区，可以直接出租给创业者。这种户型面积30多平方米，每月租金1000多元。

第三种是"人才房"。大走廊未来科技城有"人才房"政策，八九十平方米，房租很低甚至可以免租，但这种要根据学历级别去申请。

此外，还有部分人会住得远一点，比如老余杭、闲林这些地方。

Q：有员工住在主城区那边的吗？

A： 这种情况比较少，大部分还是以附近为主。毕竟每天从主城区过来太远了，遇上早晚高峰堵车，时间成本消耗不起。如果住得比较远，主要还是因为他们本来主城区就有房，或者工作之前就已经在那里租房，现在还没有到期。

这里距离主城区较远，配套还不完善，我们在招人的时候有时会比较困难。之前，我们有个"丸子地球"公司，是做境外旅游的。这个公司2015年从上海整体搬过来，现在发展到六七十人，工作场地容纳不下了。"丸子地球"公司想搬的时候，我们给它找了附近的场地，但是它觉得很多员工经常要从杭州东站坐高铁回上海，这里距离东站太远了，没有直达车很不方便。此外，当时这里商业娱乐场所少，配套不足。所以，"丸子地球"公司就迁到蒋村西边的科创园了。

后来这边有了能直达杭州东站或者到市区的公交，特别是余杭塘路通了，地铁5号线、浙一医院、学军中学、亲橙里商业综合体等也在完善中，现在整体环境会好一点。其实我们招引人才也会考虑这些的。人才过来不只是在这里办公的，他也要在这里生活的，生病了要看病、小孩子要读书、工作结束后要有休闲娱乐的地方。

Q：大家选择梦想小镇作为办公地点，都考虑何种因素呢？

A： 梦想小镇本身提供了良好的创业环境，并且有较大力度的支持和引导。因此，人才和企业会逐渐被吸引聚集过来，而后相关的一些配套设施也会慢慢跟上。比如，南湖跟梦想小镇中间的人工智能小镇，有之江实验室等高端产业，但由于实在太远、配套建设比较落后，所以，它的发展就不如梦想小镇快。

Q：梦想小镇与其他孵化园区相比区别是什么？

A： 梦想小镇是"有核无边"的。以梦想小镇为核心，其周边可以辐射很多村，比如手游村、电商村、车联网村等，未来科技城板块聚集着一些产业用地。

未来科技城这边的楼宇是私人的，就像人工智能小镇的房子其实是钱江制冷公司的，相当于政府把它租过来或者跟他们签了合作孵化协议，然后政府提供相应政策把它打造成园区。这个园区可以根据你的体量和产业来申请，比如华立科技园、利尔达、浙大森林、杭州师范大学科技园等，它就是作为一个孵化器，比众创空间的体量更大、项目更多、对项目质量要求更高。孵化器下面可以挂很多众创空间，像咖啡厅、餐厅、住宿这些配套也会相对齐全。

2号受访者基本信息：

受访者：杨先生
年龄：37岁
职业：公司联合创始人
所属公司：梦想小镇德道科技（创业教育公司）
居住地及形式：老余杭，自住房

访谈记录：

Q：请问您现在工作单位是在哪里？

A：就在梦想小镇。我是一名创业人员，公司是"德道科技"，以创业教育培训为主，现在处于初创阶段。

Q：您的公司选在梦想小镇的原因是什么？

A：这边创业氛围比较好，政策活动也比较多。比如会提供2万元"创新券"用于基础创业的资金。

Q：梦想小镇提供的是怎样的办公空间？

A：梦想小镇会提供孵化器。每个月按照工位收费，一个工位约10m²，每月收费300元。

Q：请问有没有其他的优惠政策，比如辅助您创业之类的？

A：每个月会有一些讲座或者沙龙形式的活动。

Q：公司规模扩大之后，会不会选择其他办公空间？

A：会选择在附近，比如海创园，它的环境和创业氛围比较好。现在是很多人一起办公，以后最好是能够独立办公。

Q：您对居住及其他公共服务等方面是否满意？

A：公司大部分员工都住在附近，上班比较方便。

Q：您对周边的各种服务设施是否满意？您现在通勤方式是怎样的？

A：我自己开车上班，20多分钟的车程。现在地铁5号线暂未开通，公交出行不太方便。开通地铁之后可能会乘坐公共交通上班。

Q：请问您的用餐地点一般在哪里？您下班后会有一些娱乐活动吗？

A：用餐基本在梦想小镇食堂。下班后的活动会在印象城、西溪湿地那边。附近的商业娱乐场所目前还比较少。未来会建设EFC综合体，这对创业环境的提升是有帮助的。

3号受访者基本信息：

受访者：刘先生

年龄：26岁左右

职业：互联网公司合伙人

所属公司：梦想小镇杭州鹏速网络科技有限公司

居住地及形式：闲林，天文山西路，自住房

访谈记录：

Q：您的公司规模有多大？您创业多久了？

A： 我们现在十六七人，创业三年半。

Q：您当初选在梦想小镇办公的原因是什么？

A： 我们今年1月份刚搬过来，是通过一个创业比赛入驻的。

Q：您上班通常使用的交通方式是什么？需要多久？

A： 开车，20多分钟。

Q：您的其他工作伙伴主要是租房还是买房？在什么位置呢？

A： 主要还是租房，在梦想小镇附近多一些。

Q：您刚才提到租房比较多，请问租房是否有减免政策呢？

A： 有的。比如办公场地租金减免，我们现在是150m²免费，超出面积按照 1.5～2元/m²计算。对公司来说，如果去外面租房，200m²一年的房租可能要超过10万元，还有一些物业费和水电能耗费。梦想小镇有减免政策，这能省不少钱，基本上控制在3万～3.5万元。小镇租房也有补贴政策，不过只针对企业合伙人，本科是300元/月的租房补贴，硕士是400元/月的租房补贴，博士是500元/月的租房补贴。

Q：您觉得如果企业周围有一些高校或者科研机构，这对公司发展有没有影响？

A： 我们喜欢选址在高校附近。我自己是浙江工业大学毕业的，就在小和山浙工大校区，所以我们以前是在学校附近的留下写字楼办公，那时候我们学校也有很多人过来。我们希望离高校近一点，以便培养实习生或能力较好的应届毕业生。公司离学校远了，很多学生就不愿意过来了。

Q：您对周边其他方面有没有需求或者希望提高的地方？

A： 主要是交通，因为这里离市区和机场都比较远。不过，地铁5号线马上就要通了，起码去市区会方便一点。

Q：如果以后公司发展好了、规模变大了，您会不会考虑将公司搬迁到其他地方？

A：这边的公司主要是偏初创型的，公司规模大了以后就没必要一直在这边，我们会选择其他地方的。

Q：如果搬的话，您会选择去哪里？

A：暂时还没有去了解。因为一些政策限制，估计还是会留在余杭区附近。比如，现在梦想小镇给我们免了150m²的房租，这并不是无条件的，它要求你之后不能迁出余杭区，否则要先补齐这三年免的房租才能迁出。

Q：您认为未来科技城这样一种产业集聚的形式，对于您创业是有帮助的吗？

A：我觉得是有帮助的，它能吸引很多人才过来，比较容易招到人，也有更多的选择。

Q：您及您的员工现在日常活动范围大概是在哪里？有没有经常去主城区的需求？

A：我们上班还是以两点一线为主的。阿里巴巴西溪园区旁边的亲橙里综合体基本上都能满足平时吃饭、看电影的需求。

Q：您认为未来科技城片区在哪些方面还需要提升？

A：这里环境好、科技型公司人才聚集，还有一些扶持政策。我挺满意的，都蛮好的。

4号受访者基本信息：

受访者：王先生
年龄：37岁
职业：互联网公司的管理人员
所属公司：梦想小镇某互联网公司
居住地及形式：滨江，自住房

访谈记录：

Q：请问您的户籍所在地和居住地？

A：我是杭州人，现在住在滨江，是拆迁户。

Q：请问您主要的通勤方式是什么？

A：我自己开车，车程1个多小时。目前因为有家庭，不会选择在单位附近租房。如果再远一点，比如开车要2个小时，就会考虑租房。

Q：是什么原因导致您的公司要从梦想小镇搬去滨江？

A：我们企业是集团公司下属的，创业至今已经有2年了。我们4月就要搬去滨江区阿里中心附近。主要原因一是梦想小镇人才储备比较薄弱；二是这边中小型创业公司非常多、竞争激烈，工作人员以年轻人为主、流动性很大。而滨江区的人员储备相对稳定，比梦想小镇更具有优势。

5号受访者基本信息：

受访者：X先生

年龄：22岁

职业：实习生

所属公司：人工智能小镇杭州量之智能科技有限公司

居住地及形式：老余杭，租房

访谈记录：

Q：请问您的公司主要是做什么的？

A：主要是为企业提供数据治理服务。

Q：请问您住在哪里？租金大概多少？居住条件如何？

A：我在附近马鞍山雅苑租房子，7层的小高层，是回迁安置的农民房，租金一个月800元。有一个小房间20m²左右，也就是一个卧室加一个独立的卫生间，条件一般。

Q：请问您平日的上下班时间是怎样的？通勤需要多久？

A：每天工作9个小时，一般9：30左右出门，中午11：30吃饭，晚上6：30下班，如果加班会到晚上8：00以后。路上步行大概10分钟。

Q：请问您平时在哪里用餐？平时下班后或假日有哪些娱乐活动？

A：一般午餐就在人工智能小镇的每厨餐厅，晚饭有时和同事们一起吃，有时回到住地附近吃。周边的江南时代购物中心里面有电影院。

Q：请问这里大部分的人选择的上班方式是什么？

A：我住得比较近，一般是步行或骑共享单车；大部分人住得都比较远，会开车来上班。

Q：您认为这附近交通状况如何？

A：这里位置比较偏，附近还不太堵。

6号受访者基本信息：

受访者：X先生

年龄：45岁

职业：销售员

所属公司：人工智能小镇表面缺陷检测公司

居住地及形式：老城区，自购房

访谈记录：

Q：请问您住在哪里？通勤时间大概多久？

A：我住在老城区湖墅南路附近，自己有房，一般坐公交1.5小时，早上6：30要出门。

Q：在这里上班的人住在老城区的多吗？

A：不多，这里年轻人比较多，都在附近租房子。

Q：请问您认为周边的公共交通配套如何？

A：公交非常不方便，从老城区过来只有一路公交走文一西路，上下班时间非常拥堵，而且很多人搭不上车。杭州西边正在发展，但现在东西联系方式太单一了。目前在修地铁，未来情况应该能改善吧。

Q：请问您一般上下班时间是怎样的？

A：一般早上6：00起床，6：30左右出门，8：30上班，中午11：30吃饭；下午12：30继续工作，5：30下班，到家晚上8：00。每天工作8个小时。

Q：请问您的同事大部分住在哪里？

A：大部分在这附近，年轻一点的同事公司会有安排，但是条件很差，十几个人住在一起。

Q：您觉得这附近环境如何？

A：附近的建筑比起一般的园区（例如滨江）差得比较多，这里四周都是老县城，落差比较大，没有生活圈，缺少娱乐活动。

Q：您觉得这附近配套设施如何？

A：附近配套不完善，纯粹是上班的地方。这里楼宇建设走在前面，但配套还没跟上来。下班后大家各自回家，几乎没有活动。园区内也没有娱乐活动场地，生活比较枯燥。

7号受访者基本信息：

受访者：X先生

年龄：25岁

职业：研究员

所属公司：之江实验室

居住地及形式：海创园人才公寓，公司提供

访谈记录：

Q：请问您来这边工作多久了？

A：毕业后到现在3个月左右。

Q：请问您住在哪里？ 居住条件如何？

A：我住在海创园人才公寓，是单位提供的。那边有给之江实验室提供租房，不过数量不多，来得晚就没有了。公寓一个人40～50m²，有独立卫生间，条件还可以。

Q：请问您一般通勤时间大概多久？ 通勤方式是什么？

A：一般自己开车15分钟左右，有时会坐公交车。

Q：请问您一般上下班时间是怎样的？

A：每天工作8小时。早上9：00上班，下午5：30下班。

Q：请问您平常有哪些娱乐活动？

A：附近配套娱乐设施比较少，都是自娱自乐，平常自己生活比较规律。之江实验室里有自己的健身房，平时下班后会与朋友去余杭中学打球。园区内的休闲娱乐配套设施比较少，因为入驻单位太多，一般都是各自单位内部提供。

Q：您认为这里缺少哪些配套设施？

A：附近缺少商场等娱乐活动场所。另外，目前虽然许多单位还没有入驻，而且车位已经严重不足，地下车库的车位来得晚就没有了。

Q：住在海创园人才公寓的人一般在哪里工作？

A：主要还是在海创园那边，之江实验室情况比较特殊。

8号受访者基本信息：

受访者：X先生

年龄：37岁

职业：弱电建设总负责人

所属公司：人工智能小镇钱江集团

居住地及形式：仁和镇，自购房

访谈记录：

Q：请问您工作的内容是什么？

A：整个人工智能小镇这个项目都是钱江集团的，面积有300亩，钱江集团在这里设置了办公点。我主要负责这里的弱电安装工作，现在正在进行的项目是对面的5G产业园。

Q：请问您一般通勤时间大概多久？通勤方式是什么？

A：自己开车1个小时左右，走东西大道，那里交通状况比较好，不太堵车。

Q：请问您一般上下班时间是怎样的？

A：早上8：30上班，下午5：30下班。因为对面5G产业园正在建设，马上就要交付了，一般工作时间在9~10个小时。

Q：请问您下班后去哪里？周末需要加班吗？

A：下班后一般直接回家，但周末常常需要加班，因为这里都是创业型企业，而且周末人也比较多。

Q：您认为这附近和小镇内部的配套设施如何？

A：这里目前还是起步阶段，本身就是一个新兴的产业园。原先这边全都是传统工业园，没有居住的地方，商场也比较少。目前附近的新时代西溪广场正在建设。人工智能小镇的餐饮配套基本能满足园区需求，特别是园区有每厨这样的大型连锁餐饮店入驻，还有肯德基、全家便利店、星巴克等知名连锁品牌店。

Q：您提到原本这里没有居住的地方，现在有调整吗？

A：2015—2016年就有过调整，比如西溪时代广场上面有18层的Loft公寓，是下商上住的综合体，它主要提供给人工智能小镇员工居住。

Q：人工智能小镇这边大致的规划是什么？

A：这个项目的体量非常大，一直到文一西路，包括对面的5G创新产业园，它们都是高科技新兴产业，定位比较高，2021年会整体完工。

Q：您认为这里有办公空置率的问题吗？

A：人工智能小镇现在存在着空置的办公场所，这主要原因是未来科技城管委会招商政策比较严格，它要对入驻的企业进行审核考察，如果符合标准将给予适当的房租补贴等优惠政策。现阶段的情况是诸多企业排队想入驻人工智能小镇，所以不用担心人工智能小镇办公空间空置的问题。周边陆续还有办公的建筑面积在增加，比如5G创新产业园。

Q：人工智能小镇的定位与周边海创园、梦想小镇等园区有没有比较明显的区别？

A：整个人工智能小镇内部有统一的管委会和招商部决定招商政策。梦想小镇主要是"互联网+"的创业孵化产业形态，海创园为海归创业高层次人才聚集的企业，而智能小镇的产业形态定位基本都是人工智能、物联网、5G产业。

Q：我们了解到城西科创大走廊除了未来科技城之外还有紫金港科技城、青山湖科技城，它们有什么联系吗？

A：主要是政府统一规划。城西本来就是阿里巴巴的大本营，有很多阿里系人才来这里创业。此外，还有浙大系、浙商系、海归系，杭州现在是投资创业的热土，我未来还是抱有比较大的信心和期望。

Q：您了解这里是怎么从传统工业园转变成高科技园区的？

A：这里原先是余杭的金星村，就是一个普通的工业园，它没有住宿。原先准备规划一个制造业基地，后来意识到这里投资创业气氛浓厚，不惜将原来的厂房拆除重建，并斥巨资邀请瑞典建筑设计团队来设计。

Q：为什么住宅类型会选择Loft公寓？

A：这里做住宅小区不合适，Loft本身就有户型较小的特点，比较适合年轻的创业人士，其造价也比较低。

Q：周边有许多农民房出租给这里的员工吗？

A：马路对面有许多回迁安置房，楼高多为3层，租金较低，有部分员工在这里居住。余杭镇是浙江省唯一的双千年古镇，政府计划拆三修七，修旧如旧，将直街规划成旅游景点。2018年年底，老余杭沿着直街拆了许多房子，现在居民全部迁出。

Q：这里的停车位是否存在不足？

A：现阶段停车位基本饱和，未来将会严重不足。一般都是先到先得，目前路口已出现许多违章停车现象。

Q：您认为现状存在哪些比较大的问题？

A：从员工角度来看，周边可供娱乐服务的设施太少，况且员工主要是高科技人才，他们的需求会更加多样化。但是人工智能小镇的招商引资政策较为严格，对资产等都有要求。餐饮配套目前基本上饱和，其他业态的商业也相对缺乏。另外，从传统工业园到创业中心的转变，其周边居住场所少，导致晚间园区周边人流量匮乏，这间接导致了其他业态商业不愿意入驻。

Q：人工智能小镇未来发展有什么需要注意的地方吗？

A：未来在招商方面要注意与周边现有资源配置的竞争关系，比如新时代西溪广场对面就是万达广场。不过，这里办公人群较多，需求也比较大。

9号受访者基本信息：

受访者：X先生
年龄：25岁
职业：园区行政管理人员
所属公司：华正科技园（新材料制造）
居住地及形式：附近，自购房

访谈记录：

Q：这里整个园区都是华正科技园吗？

A：是的，我们在这里工作，也在这里生活。

Q：请问园区居住条件如何？

A：员工分为两部分：一部分是本地人，下班后就回家了；另外一部分是外地人，住在园区内的宿舍。宿舍又分为单人间、两人间和六人间，条件和学校宿舍差不多。

Q：请问华正科技园主导产业是什么？

A：华正科技园2006年建成，它的主导产业是传统制造业，主要是新材料制造，例如手机芯片等。

Q：请问您下班之后一般去哪里活动？

A：附近余杭镇有一些商业综合体。

Q：请问您一般在哪里用餐？

A：园区内有食堂，工作餐是免费的。

Q：请问您一般上下班时间是怎样安排的？

A：每天工作8小时。早上9：00上班，下午5：30下班。

Q：请问园区内的产业协作是如何运行的？

A：华正科技园有两个园区：一个是位于未来科技城的总部园区，负责制造和研发；另一个是位于青山湖科技城的园区，负责智能生产、全自动化制造和生产芯片。

Q：请问园区选择在青山湖科技城的原因是什么？

A：青山湖科技城为工业4.0提供政策优惠，有利于实现制造与研发资源的协调。同时，在产业定位方面，青山湖科技城也更符合公司的需求。

Q：您认为附近生活环境如何？青山湖科技城生活环境又如何？

A：青山湖科技城那边比较冷清，而这附近却比较热闹。

10号受访者基本信息：

受访者：X先生

年龄：40岁

职业：企业员工

所属公司：老余杭某企业

居住地及形式：老余杭，自购房

访谈记录：

Q：请问您一般的通勤时间大概多久？通勤方式是什么？

A：公司离居住地比较近，走路5分钟就能到。

Q：请问在未来科技城园区工作的人在老余杭居住的多吗？

A：在海创园上班的人，尤其是一些刚毕业出来创业的学生，一般都租住在仓前，那边有许多回迁房。公司也会给部分员工提供住房，老余杭这边很少有在海创园工作的人居住。未来科技城的员工住在大华、海康、万达、文一西路的比较多。

11号受访者基本信息：

受访者：X先生

年龄：22岁

职业：实习生

所属公司：西部科技园内建筑公司

居住地及形式：老余杭百汇中心公寓楼，自购房

访谈记录：

Q：请问您是本地人吗？

A：我是本地人。现在是大学刚毕业在实习，做建筑造价方面的工作，公司位于西部科技园。

Q：请问您一般的通勤时间大概多久？通勤方式是什么？

A：一般自己开车，7～8分钟。

Q：你们公司员工大部分都是本地人吗？

A：桐庐的比较多，他们大多在附近买房。

12号受访者基本信息：

受访者：X先生
年龄：28岁
职业：家具设计师
所属公司：某家具设计公司
居住地及形式：老余杭，自购房

访谈记录：

Q：请问您是本地人吗？

A：我是本地人。公司在阿里巴巴附近，主要做家具设计。附近做这方面的公司比较少，大多为互联网企业。

Q：请问您一般的通勤时间大概多久？通勤方式是什么？

A：一般自己开车，10分钟左右。公司有专门的停车位。

Q：你们公司员工大部分住在哪里？

A：有些是本地人。有些在老余杭这边租房子，房租还比较便宜。

Q：请问您一般上下班时间是怎样的？

A：上下班时间不太固定，把自己的工作做完就可以下班。

Q：请问您一般去哪里活动？

A：一般去印象城比较多。

附录3

大走廊居住区居民访谈记录整理

访谈大纲：

（1）您选择居住点的主要影响因素是什么？

（2）您上下班采用的交通方式是什么？通勤需要多长时间？

（3）您对交通情况是否满意？交通基础设施是否有欠缺？

（4）对周边的各种服务设施（商场、餐厅、菜市场、学校、医院）是否满意？哪些方面需要重点提升？

1号受访者基本信息：

被采访者：杨先生

年龄：35岁

职业：销售

居住地及形式：海创园人才公寓，租住

访谈记录：

Q：请问您平时如何上下班？通勤需要多长时间？

A：开车，有时候搭同事车。快的话30分钟，遇上堵车要1个小时。

Q：请问您在这边是自己买的房子吗？

A：不是，是租住，3000元一个月。

Q：既然离工作地点这么远，为什么租住在这里？

A：因为孩子在这边的未来科技小学上学，住在这里离孩子学校比较近。

Q：这边的基础服务设施完备吗？

A：基础服务设施整体上还可以，但是买菜不是很方便，附近有几个临时摆摊的，或者只能去旁边的农居点。

2号受访者基本信息：

受访者：X女士

年龄：25岁

职业：物业工作人员

所属公司：工作地点位于文三西路区域

居住地及形式：富力十号，租住

访谈记录：

Q：请问您平时如何上下班？通勤需要多长时间？

A：一般乘坐公交车，快的话要1个小时。但是，公交车的换乘不太方便，除非自己开车或者在附近上班会方便一点。

Q：请问您在这边是自己买房子吗？为什么想到在这里买？

A：是的，我工作之前在这里买的。当时主要因为这边比较便宜，而且我原本就住在城西这边，所以才选择在西边买房，不会想着在主城区或者城东买房。

Q：这边的基础服务设施完备吗？

A：我买房的时候这里的基础服务设施还没有配套起来，现在好一点了，有盒马鲜生和菜市场。外出娱乐，我一般都在城西附近的印象城、西溪印象、西溪银泰。

3号受访者基本信息：

受访者：X女士

年龄：30岁左右

职业：公务员

所属公司：浙江省政府

居住地及形式：富力十号，自住房

访谈记录：

Q：请问您平时如何上下班？通勤需要多长时间？

A：省政府每天有班车，但是早上6：30就结束了。如果迟到了赶不上班车，就得转2辆公交车到阿里巴巴下车，再走到那边去，1个小时肯定是不够的。

Q：请问您在这边是自己买的房子吗？为什么想到在这里买？

A：我是自己买的房，2017年交房后就住在这里了。

我们小区的人在哪里工作的都有，大部分还是在附近，远的也有在滨江的。买房是考虑到价位以及周边的配套。至于是否离工作地点近，不是首要考虑的因素。我跟我老公都在主城区工作，但那边房价非常贵。当然，我们也认为这边未来的发展潜力很大。

Q：这边的基础服务设施完备吗？

A：买菜不方便。这里就农居点那边有一家店在卖菜，再没有其他选择了。我们希望附近能有一个农贸市场。盒马鲜生可以送货上门，但是菜价又很贵，品质也逐渐在下降。

平时休闲娱乐还是在城西，因为我以前就住在城西，还是习惯性地往那边跑。这边附近只有亲橙里和赛银国际，新建的西溪银泰店铺和餐饮品牌还没有城西银泰那边选择多。

4号受访者基本信息：

受访者：X先生
年龄：25岁左右
职业：信息技术人员
所属公司：海创园某互联网公司
居住地及形式：仓溢东苑，租住

访谈记录：

Q：请问您平时如何上下班？通勤需要多长时间？

A：走路半小时，骑单车10分钟，遇上下雨天会打车。

Q：请问您在这边是自己买的房子吗？为什么想到在这里买？

A：我是租住的，租金每个月1100元。仓前街道这里租金普遍比较低，现在估计每月1100~1500元，而人才公寓是每个月3000~4000元。

Q：这边的基础服务设施完备吗？

A：生活有点不方便。这一片就只有亲橙里和赛银国际，而且健身场所也很少，只有海创园里有一个。

5号受访者基本信息：

受访者：X女士
年龄：27岁左右
职业：行政管理人员
所属公司：未来科技城管委会
居住地及形式：海创园人才公寓，公司职工宿舍

访谈记录：

Q：请问您平时如何上下班？通勤需要多长时间？

A： 我的工作地点不远，也就3～4km。平时坐公交车或者骑电动车比较多，电动车大概需要15分钟，开车几分钟就能到。

Q：请问您在这边是自己买的房子吗？

A： 是公司的公租房，类似职工宿舍，也是政府免费提供的。我们签了3年的协议，3年之内能够住在这里。

Q：您认为这边的基础服务设施完备吗？

A： 不是很方便。比如看病，大医院比较少。平时休闲娱乐的地方也很少，出去玩有点远。

图目录

表目录

参考文献

［1］ 《科技中国》编辑部，刘会武. 国家高新区将续领中国经济高质量发展［J］. 科技中国，2020
（11）：6.

［2］ 2019年毕业生就业质量年度报告［R/OL］. http://wk.yingjiesheng.com/careerreport/?qq-pf-to=
pcqq.c2c.

［3］ 2019年高等职业教育质量年度报告［R/OL］. https://www.tech.net.cn/column_rcpy/info.aspx?nd=
2019&sf=浙江省&lx=0.

［4］ 安小桐，蓝裕平. 科技创新之影响因素分析：以专利申请数量为例［J］. 财富涌现与流转，
2016，6（1）：1-7.

［5］ 蔡绍洪，徐和平. 欧美国家在城市更新与重建过程中的经验与教训［J］. 城市发展研究，2007
（3）：26-31.

［6］ 柴彦威，申悦，肖作鹏，等. 时空间行为研究动态及其实践应用前景［J］. 地理科学进展，
2012，31（6）：667-675.

［7］ 陈才扣，彭倩倩，孙强强，等. 一种改进的典型相关分析方法及其应用［J］. 系统仿真学报，
2010，22（2）：388-390.

［8］ 陈超. 全球科技创新中心战略情报研究：从"园区时代"到"城市时代"［M］. 上海：上海科
学技术文献出版社，2016.

［9］ 陈家祥. 城市新区创新空间规划研究［M］. 北京：清华大学出版社，2019.

［10］ 陈家祥. 中国城市新区生成机理与创新发展研究［M］. 南京：南京大学出版社，2020.

［11］ 陈家祥. 中国高新区功能创新研究［M］. 北京：科学出版社，2009.

［12］ 陈炉，周国华. 长沙市职住关系的测度及城市通勤的影响因素［J］. 城市学刊，2017，38（5）：
96-100.

［13］ 陈庆华. 科技园区建设的基本模式与创新发展战略研究［J］. 科学管理研究，2014，32（4）：
1-3.

［14］ 陈尚益，胡学东. 探索基础研究新路推动高校基础研究［J］. 重庆工学院学报（社会科学版），
2007（8）：164-165.

［15］ 陈翁翔，林喜庆. 科技园区创新模式比较与启示：基于硅谷、新竹和筑波创新模式的分析［J］.
中国行政管理，2009（10）：113-115.

［16］ 陈益升. 高科技产业创新的空间：科学工业园区研究［M］. 北京：中国经济出版社，2008.

［17］ 陈宇，陈燕萍，沙海涛，等. 手机定位数据在城市规划基础调查中的适用性研究：以深圳市高
新园区为例［J］. 城市发展研究，2017，24（8）：27-34.

［18］ 陈煜. 创新型国家建设背景下的精英人才培养［J］. 大学（研究与评价），2007（12）：21-25.

［19］ 程毛林，韩云，易雅馨. 苏州工业园入园企业技术创新与入园效应的典型相关分析［J］. 科技
进步与对策，2013，30（6）：30-33.

［20］ 党安荣，袁牧，沈振江，等. 基于智慧城市和大数据的理性规划与城乡治理思考［J］. 建设科
技，2015（5）：64-66.

［21］ 翟健. 国际新城新区建设实践（二十七）：研究回顾（上）［J］. 城市规划通讯，2016（3）：17.

［22］丁沃沃. 再读《马丘比丘宪章》：对城市化进程中建筑学的思考［J］. 建筑师，2014（4）：18-26.

［23］董莉莉，彭芸霓，戴志中，等. 城市意象视角下重庆北部新区高新技术产业园区空间形态的建构［J］. 工业建筑，2017，47（10）：52-57.

［24］杜海东. 基于动态系统模型的科技园区创新能力影响因素分析［J］. 科学管理研究，2012，30（2）：9-12.

［25］樊春良. 当前科技发展趋势及各国战略应对述评［J］. 人民论坛·学术前沿，2019（24）：14-35.

［26］范超，赵彦云. 高新技术产业创新效率演化及影响因素分析：以中关村科技园为例［J］. 现代管理科学，2019（1）：6-8.

［27］傅利平，周小明，张烨. 高技术产业集群知识溢出对区域创新产出的影响研究：以北京市中关村科技园为例［J］. 天津大学学报（社会科学版），2014，16（4）：300-304.

［28］高吉成. 基于产城融合的产业园区发展路径研究：以定西市经开区为例［D］. 西安：西北大学，2016.

［29］高跃宏，梁岩超. 试论地形图在城市规划中的应用［J］. 洛阳工业高等专科学校学报，2007，17（5）：15-18.

［30］葛春晖. "产业园区"向"城区"发展转变过程中用地兼容和混合用地相关研究［J］. 工程与建设，2012，26（2）：171-173.

［31］葛继平，林莉，姜昱汐，等. 中国大学科技园：功能、管理与创新研究［M］. 北京：经济科学出版社，2013.

［32］葛军，赵德辉，宋文俊. 武鄂科创走廊建设研究［J］. 科技创业月刊，2019，32（10）：52-57.

［33］郭琪，陈阳，章晶. 转型发展背景下工业园区存量型规划探索：以景德镇国家高新技术产业园区规划为例［J］. 规划师，2013，29（5）：23-28.

［34］郭泉恩，孙斌栋. 中国高技术产业创新空间分布及其影响因素：基于面板数据的空间计量分析［J］. 地理科学进展，2016，35（10）：1218-1227.

［35］韩会然，杨成凤，宋金平. 城市居住与就业空间关系研究进展及展望［J］. 人文地理，2014，29（6）：8.

［36］杭州市人才服务局. 2018年杭州市接收高校毕业生就业情况报告［R］. 2018.

［37］杭州市人民政府，浙江省发展和改革委员会，浙江省科学技术厅. 杭州城西科创大走廊规划［R］. 2016.

［38］郝丽荣. 北京市居民职住分离影响因素及其交互作用研究［D］. 北京：首都师范大学，2013.

［39］贺传皎，王旭，李江. 产城融合目标下的产业园区规划编制方法探讨：以深圳市为例［J］. 城市规划，2017，41（4）：27-32.

［40］衡涛，张贵泳，魏天崎，等. 利用自行车道解决高密度办公区域交通拥挤的探讨与设计：以深圳南山科技园某微循环为例［J］. 住区，2019（5）：142-146.

［41］胡滨，邱建，曾九利，等. 产城一体单元规划方法及其应用：以四川省成都天府新区为例［J］. 城市规划，2013，37（8）：79-83.

［42］胡晨. "三十而立"，高质量发展再出发：解读《关于促进国家高新技术产业开发区高质量发展的若干意见》［J］. 产业创新研究，2020（20）：1-2，25.

［43］黄宝连. 长三角一体化背景下杭州城市国际化发展［J］. 浙江经济，2019（3）：35-37.

［44］黄汝钦，杜雁，程龙. 智慧型城市空间形态培育路径研究：以深圳蛇口工业区更新为例［J］. 规划师，2013，29（2）：26-31.

［45］纪慰华. 基于主体功能规划引领的职住平衡与策略路径：以上海临港国际航运中心的核心功能

区建设为例［J］．上海城市管理，2014，23（3）：44-48.

［46］ 贾健苛，吴洲屹．基于活力特征分析的城市边缘区创新空间研究：以杭州城西科创大走廊为例
　　　［J］．内蒙古科技与经济，2020（2）：6-8.

［47］ 江佳遥，杨毅栋，罗一南．创新驱动下城市国际化路径转型研究：以杭州城西科创大走廊为例
　　　［C］//活力城乡 美好人居——2019中国城市规划年会论文集（12城乡治理与政策研究），2019：
　　　417-425.

［48］ 姜文婷．北京亦庄新城：面向职住平衡的开发区转型发展规划研究［D］．北京：清华大学，
　　　2014.

［49］ 蒋昊成．基于大数据的开发区就业者职住关系研究：产城融合视角下的苏州实证［D］．苏州：
　　　苏州大学，2020.

［50］ 蒋清松．长三角地区产业园区产城融合发展研究：以常州西太湖科技产业园为例［J］．农村经
　　　济与科技，2016，27（24）：120-121.

［51］ 解永庆．区域创新系统的空间组织模式研究：以杭州城西科创大走廊为例［J］．城市发展研
　　　究，2018，25（11）：73-78.

［52］ 阚景阳．国内外科技园区开发建设的影响因素与对策研究：基于雄安新区科技园区建设［J］.
　　　建筑经济，2018，39（1）：11-15.

［53］ 寇小萱，孙艳丽．基于数据包络分析的我国科技园区创新能力评价：以京津冀、长三角和珠三
　　　角地区为例［J］．宏观经济研究，2018（1）：114-120.

［54］ 李聪．园区向新城转变的产业配套设施规划探索［J］．规划师，2014（S5）：142-147.

［55］ 李东和，刘甦，孔亚暐．产业园空间组织研究进展［J］．山东建筑大学学报，2018，33（2）：
　　　61-66.

［56］ 李景欣，张司飞．关于增强高新技术产业园区高新技术企业集聚的整体竞争力问题［J］．北京
　　　科技大学学报（社会科学版），2011，27（4）：143-151.

［57］ 李峻峰，张丽．产业园区配套服务发展阶段研究：以苏州工业园区为例［J］．安徽建筑，
　　　2012，19（3）：41-47.

［58］ 李文彬，张昀．人本主义视角下产城融合的内涵与策略［J］．规划师，2014，30（6）：10-16.

［59］ 李夏天，温小军．基于多元数据的城市街区活力影响机制研究［J］．江西理工大学学报，
　　　2021，42（1）：38-46.

［60］ 李晓壮．中国专利申请状况的映射：关于科技创新动力的思考［J］．科技管理研究，2009，29
　　　（11）：323-325.

［61］ 李燕青．高能级平台是实现高质量发展的重要基石［J］．杭州（周刊），2018（31）：45.

［62］ 李颖．新型城镇化背景下产业园区开发模式及创新路径研究［J］．经济研究参考，2015（20）：
　　　35-42.

［63］ 厉飞芹．"创新极化效应"条件、问题与实现路径：以杭州城西科创大走廊为例［J］．杭州学
　　　刊，2018（2）：56-67.

［64］ 林沁茹．珠三角地区创新型科技园区的功能混合设计研究［D］．广州：华南理工大学，2019.

［65］ 林烨．浅谈外国大学科技园对我国高校创办大学科技园的启示［J］．中国科技产业，2002（7）：
　　　15-17.

［66］ 刘海燕，方创琳，班茂盛．北京市海淀科技园区土地集约利用综合评价［J］．经济地理，2008
　　　（2）：291-296.

［67］ 刘洪民，杨艳东，韩熠超．杭州城西科创大走廊建设全球信息经济科创中心的战略分析与政策
　　　建议［J］．科研管理，2018，39（S1）：337-344.

［68］ 刘隆亨．关于建立中关村科技园评估指标体系若干问题的研究［J］．北京联合大学学报（人文

社会科学版），2010，8（3）：105-111.

［69］刘强. 大学校区、科技园区、公共社区融合与联动城市发展模式研究：以环同济知识经济圈知识型创新性产品业集群为例［M］. 上海：同济大学出版社，2016.

［70］刘世伟. 基于GIS平台的城市规划管理数据的组织研究：以上海市为例［D］. 上海：同济大学，2008.

［71］刘望保，侯长营. 国内外城市居民职住空间关系研究进展和展望［J］. 人文地理，2013，28（4）：7-12.

［72］刘伟奇，程炜. 苏州工业园区职住空间错位现象及影响分析［C］//多元与包容——2012中国城市规划年会论文集（06住房建设与社区规划），2012：285-291.

［73］刘欣英. 产城融合的影响因素及作用机制［J］. 经济问题，2016（8）：26-29.

［74］刘星. 产城融合视角下产业园区要素集聚的规划与重构［J］. 财经界，2018（21）：50.

［75］刘阳，赵晖，周艳龙. 大型城市职住分布与通勤出行相关关系的网络动力学模型［J］. 山东科学，2015，28（1）：56-63.

［76］刘志春，陈向东. 科技园区创新生态系统与创新效率关系研究［J］. 科研管理，2015，36（2）：26-31，144.

［77］刘志林，王茂军. 北京市职住空间错位对居民通勤行为的影响分析：基于就业可达性与通勤时间的讨论［J］. 地理学报，2011，66（4）：457-467.

［78］龙瀛，张宇，崔承印. 利用公交刷卡数据分析北京职住关系和通勤出行［J］. 地理学报，2012，67（10）：1339-1352.

［79］罗玮，罗教讲. 新计算社会学：大数据时代的社会学研究［J］. 社会学研究，2015，30（3）：222-241.

［80］罗小龙，郑焕友，殷洁. 开发区的"第三次创业"：从工业园走向新城：以苏州工业园转型为例［J］. 长江流域资源与环境，2011，20（7）：819-824.

［81］吕成霞. 现代企业预算管理存在的问题及其对策探究［J］. 财经界，2016（2）：47-48.

［82］马雄威. 线性回归方程中多重共线性诊断方法及其实证分析［J］. 华中农业大学学报：社会科学版，2008（2）：78-81.

［83］茅明睿. 大数据在城市规划中的应用：来自北京市城市规划设计研究院的思考与实践［J］. 国际城市规划，2014，29（6）：51-57.

［84］蒙婧. 从硅谷到光谷：高校科技创新体制研究启示［J］. 中国高校科技，2014（7）：26-27.

［85］苗毅. 基于多元数据的高速交通与区域发展互动影响研究：以山东省为例［D］. 济南：山东师范大学，2018.

［86］欧阳东，李和平，李林，等. 产业园区产城融合发展路径与规划策略：以中泰（崇左）产业园为例［J］. 规划师，2014，30（6）：25-31.

［87］彭美玉. 科技创新驱动企业转型［J］. 当代贵州，2013（29）：26.

［88］彭艳萍. 科技园现代性的视觉阐释：以深圳南山科技园为例［J］. 明日风尚，2020（12）：52-54.

［89］任俊宇，胡晓亮，于璐璐. 创新驱动的"产城创"融合发展模式探索［J］. 规划师，2018a，34（9）：94-99.

［90］任俊宇，刘希宇. 美国"创新城区"概念，实践及启示［J］. 国际城市规划，2018b，33（6）：49-56.

［91］石洪超，赵立，邓娜，等. 高校与企业在产业园中的合作模式研究［J］. 当代教育实践与教学研究，2020（8）：164-165.

［92］史新宇. 基于多源轨迹数据挖掘的城市居民职住平衡和分离研究［J］. 城市发展研究，2016，

23（6）：142-145.

［93］宋加山，张鹏飞，邢娇娇，等．产城融合视角下我国新型城镇化与新型工业化互动发展研究［J］．科技进步与对策，2016，33（17）：49-55.

［94］宋思远．杭州城西科创大走廊"互联网+"新兴产业园区空间形态研究［D］．杭州：浙江大学，2018.

［95］苏理云，陈彩霞，高红霞．SPSS 19统计分析基础与案例应用教程［M］．北京：北京希望电子出版社，2012.

［96］苏林，郭兵，李雪．高新园区产城融合的模糊层次综合评价研究：以上海张江高新园区为例［J］．工业技术经济，2013，32（7）：12-16.

［97］苏楠．"互联网+"时代背景下创新型企业的新型办公空间设计：以山东省环保产业基地办公楼方案设计为例［D］．青岛：青岛理工大学，2015.

［98］苏斯彬，周世锋，史学锋，等．杭州城西科创大走廊引领浙江创新发展的路径研究及政策建议［J］．科技与经济，2016，29（6）：36-40.

［99］苏文松，郭雨臣，范丁波，等．中关村科技园区智慧产业集群的演化过程、动力因素和集聚模式［J］．地理科学进展，2020，39（9）：1485-1497.

［100］苏晓杰．产城融合背景下传统高新区转型提升路径探索［J］．山西建筑，2020，46（17）：27-29.

［101］孙建欣，林永新．空间经济学视角下城郊型开发区产城融合路径［J］．城市规划，2015，39（12）：54-63.

［102］孙丽敏．产业园区"产城融合"探究［J］．经济论坛，2014（1）：94-96.

［103］孙伟，林芳琦．基于多元回归法和灰色预测模型的江西丰城工业园融资需求预测分析［J］．特区经济，2012（9）：177-179.

［104］唐晓宏．城市更新视角下的开发区产城融合度评价及建议［J］．经济问题探索，2014（8）：144-149.

［105］唐宇文，石和春．新型工业化战略下产业园区发展评价指标体系［J］．系统工程，2005（7）：89-93.

［106］滕堂伟．国家高新区转型发展新路径研究：世界一流科学园视角［J］．科技进步与对策，2013，30（5）：31-36.

［107］滕堂伟．集群创新与高新区转型［M］．北京：科学出版社，2009.

［108］田金玲，王德，谢栋灿，等．上海市典型就业区的通勤特征分析与模式总结：张江、金桥和陆家嘴的案例比较［J］．地理研究，2017，36（1）：134-148.

［109］田雪．科技园区创新平台构建研究［M］．哈尔滨：黑龙江人民出版社，2006.

［110］王德，钟炜菁，谢栋灿，等．手机信令数据在城市建成环境评价中的应用：以上海市宝山区为例［J］．城市规划学刊，2015（5）：82-90.

［111］王鹤超，徐浩．基于POI及核密度分析的上海城乡交错带分布研究［J］．上海交通大学学报（农业科学版），2019，37（1）：1-5.

［112］王惠文．偏最小二乘回归方法及其应用［M］．北京：国防工业出版社，1999.

［113］王缉慈．中国产业园区现象的观察与思考［J］．规划师，2011，27（9）：5-8.

［114］王镓利，段姗，赵长伟．浙江省建设杭州城西科创大走廊模式探究［J］．经济师，2016（10）：166-168.

［115］王剑，张天竞，塔娜．国家自主创新示范区模式比较与示范效应研究：以中关村、上海张江为例［J］．科学管理研究，2016，34（6）：17-20.

［116］王进，金春鹏，李广众．推动科创载体革新，塑造江苏研发创新新空间：基于浙江广东科创载

体的创新实践分析 [J]. 黑龙江科技信息, 2020 (16): 169-171.

[117] 王俊蓉, 张景秋. 基于手机数据的北京城市女性职住关系研究 [J]. 人文地理, 2019, 34 (3): 30-36.

[118] 王磊. 珠海市各新城发展模式研究 [J]. 消费导刊, 2007 (4): 38-39.

[119] 王林申, 杨彬, 王婷, 等. 淘宝村分布数量与不同公路距离范围的线性回归分析 [J]. 居舍, 2019 (21): 104.

[120] 王录仓, 常飞. 基于百度热力图的银川市中心城区职住关系研究 [J]. 干旱区地理, 2019, 42 (4): 923-932.

[121] 王霞, 王岩红, 苏林, 等. 国家高新区产城融合度指标体系的构建及评价: 基于因子分析及熵值法 [J]. 科学学与科学技术管理, 2014, 35 (7): 79-88.

[122] 王盈盈, 王磊, 贾玲敏, 等. 基于岭回归法的中关村高新技术园区总收入预测 [J]. 价值工程, 2015, 34 (31): 4-8.

[123] 王永宁, 王旭. 我国科技园区发展评价体系研究 [J]. 科技管理研究, 2009, 29 (6): 91-94.

[124] 王育宝, 胡芳肖. 科技园区持续发展的机制探讨 [J]. 中国科技论坛, 2016 (5): 91-96.

[125] 卫龙, 高红梅. 城市居民职住空间关系研究进展综述 [J]. 交通运输工程与信息学报, 2016, 14 (4): 55-63.

[126] 魏海涛, 赵晖, 肖天聪. 北京市职住分离及其影响因素分析 [J]. 城市发展研究, 2017, 24 (4): 43-51.

[127] 魏心镇, 王缉慈. 新的产业空间: 高技术产业开发区的发展与布局 [M]. 北京: 北京大学出版社, 1993.

[128] 魏新来. 大数据背景下居住用地价格驱动力分析: 以苏州工业园区为例 [C] //新常态: 传承与变革——2015中国城市规划年会论文集 (04城市规划新技术应用), 2015: 368-376.

[129] 温慧. 由"园区"向"城区"转型的规划思路探讨: 以湘潭高新技术产业开发区为例 [J]. 建筑工程技术与设计, 2016 (12): 2-3.

[130] 吴康, 龙瀛, 郑欣, 等. 从都市区到大都市带: 中国城市功能地域的界定与扩展 [C] //2016年中国人文地理学联合学术年会论文集, 2016: 125-126.

[131] 吴维海. 我国产业园发展趋势及其与国家战略融合 [J]. 中国物价, 2016 (3): 6-9.

[132] 吴先华, 曹宏伟, 陆晓征. 产城融合的科学内涵及发展策略 [J]. 科学与管理, 2018, 38 (4): 66-71.

[133] 吴肖. 城市产业园区公共设施供给模式研究: 以南宁市高新区为例 [D]. 南宁: 广西民族大学, 2016.

[134] 吴新明. 科学发展高校科技产业 [J]. 中国高校科技与产业化, 2008 (11): 73-74.

[135] 吴越, 宋思远. 杭州城西科创大走廊"互联网+"新兴产业园区空间形态对比研究: 以阿里巴巴西溪园区、海创园首期与梦想小镇为例 [J]. 建筑与文化, 2018 (10): 83-85.

[136] 吴越, 夏明杰, 杨玥. 杭州城西科创大走廊开放空间系统分析与评价 [J]. 建筑与文化, 2020 (7): 207-210.

[137] 吴越. 新城建设与都市功能的修补激活: 关于在浦东的两次规划实践 [J]. 建筑与文化, 2007a (3): 12-14.

[138] 吴越. 在扩容后的浦东张江地区完善城市形态并形成综合性都市中心的概念性规划研究 [J]. 建筑与文化, 2007b (3): 24-31.

[139] 夏明杰. 杭州城西科创大走廊"创异型"工作社区开放空间研究 [D]. 杭州: 浙江大学, 2020.

[140] 向乔玉, 吕斌. 产城融合背景下产业园区模块空间建设体系规划引导 [J]. 规划师, 2014, 30 (6): 17-24.

［141］肖泽磊，项喜章，刘虹. 高新技术产业创新群构成要素及优势分析：以"武汉·中国光谷"为例［J］. 中国软科学，2010（7）：103–111.

［142］谢呈阳，胡汉辉，周海波. 新型城镇化背景下"产城融合"的内在机理与作用路径［J］. 财经研究，2016，42（1）：72–82.

［143］邢红萍. 技术创新与中国工业竞争力研究［D］. 武汉：华中科技大学，2013.

［144］徐卞融，吴晓. 基于"居住–就业"视角的南京市流动人口职住空间分离量化［J］. 城市规划学刊，2010（5）：87–97.

［145］徐驰，黎威，郝辰杰. 特大城市先进制造园区转型路径研究：以上海市莘庄工业区为例［J］. 城市规划学刊，2017（S2）：38–43.

［146］徐顽强，刘毅. 中国高科技园区创新平台建设［M］. 北京：人民出版社，2007.

［147］徐颖，张少杰. 高新技术产业集群发展动因及模式［J］. 经济纵横，2004（8）：7–9.

［148］许世光，李箭飞，曹轶，等. "工业邻里"在高新技术产业园区规划的应用：以广州南沙区电子信息产业园为例［J］. 城市规划，2013，37（5）：42–46.

［149］闫二旺，闫昱霖. 产业园区创新生态圈的构建与发展：以苏州工业园区为例［J］. 经济研究参考，2017（69）：34–42.

［150］严华鸣. 城市更新中的土地开发研究：以上海陆家嘴CBD为例［D］. 上海：同济大学，2008.

［151］杨东林，孟波. 校企合作提高企业技术创新的促进作用［J］. 工业技术经济，2010，29（4）：52–54.

［152］杨楠. 岭回归分析在解决多重共线性问题中的独特作用［J］. 统计与决策，2004（3）：14–15.

［153］杨双双. 科技园区创新发展：影响因素与路径设计研究［D］. 西安：西安工程大学，2017.

［154］杨婷. 高校创新资源集聚对区域创新的溢出效应研究［D］. 北京：北京化工大学，2018.

［155］杨喜雯. 探析市场经济条件下会计管理中的问题［J］. 财会学习，2020（11）：138–139.

［156］姚恩东. 浅析提高企业自主创新能力的途径［J］. 企业导报，2010（4）：58–59.

［157］叶彭姚，陈小鸿. 功能组团格局城市道路网规划研究［J］. 城市交通，2006（1）：36–41.

［158］叶宇，魏宗财，王海军. 大数据时代的城市规划响应［J］. 规划师，2014，30（8）：5–11.

［159］佚名. 张江长三角科技城［J］. 今日浙江，2015（14）：66–67.

［160］尹希果，刘培森. 城市化、交通基础设施对制造业集聚的空间效应［J］. 城市问题，2014（11）：13–20.

［161］应盛. 美英土地混合使用的实践［J］. 北京规划建设，2009（2）：110–112.

［162］英成龙，雷军，段祖亮，等. 乌鲁木齐市职住空间组织特征及影响因素［J］. 地理科学进展，2016，35（4）：462–475.

［163］于澎田，王宏起. 创新驱动背景下科技园区的发展［J］. 理论视野，2016（5）：76–78.

［164］于涛方，顾朝林，吴泓. 中国城市功能格局与转型：基于五普和第一次经济普查数据的分析［J］. 城市规划学刊，2006（5）：13–21.

［165］张耕. 杭州创建国家自主创新示范区路径的研究［J］. 杭州科技，2015（6）：10–15.

［166］张慧. 职住分离影响因素及改善建议调查分析：以长沙市主城区为例［J］. 建筑工程技术与设计，2016（30）：11.

［167］张经强，王娇. 高校科技创新、技术溢出与区域技术进步：基于2002～2014年数据的实证研究［J］. 工业技术经济，2017，36（7）：156–160.

［168］张克俊. 我国高新科技园区建设的比较研究［M］. 成都：西南财经大学出版社，2005.

［169］张龙. 上海科创中心建设中国有企业主体创新的难点与建议［J］. 上海市经济管理干部学院学报，2016，14（5）：9–12.

［170］张米尔，武春友. 产学研合作创新的交易费用［J］. 科学学研究，2001，19（1）：89–92.

［171］张妙燕. 科技园区创新能力的评价指标体系及其应用［J］. 技术经济与管理研究, 2009（2）: 43-45.

［172］张倩, 曹雁林. 新型城镇化背景下"产城融合"的内在机理与作用路径［J］. 商品与质量, 2016（47）: 80.

［173］张仁开. 新概念CBD: 城市CBD建设的创新模式［J］. 中国房地信息, 2006（9）: 58-60.

［174］张书龙. 基于产城融合理念的职住路径选择研究: 以扬中市为例［J］. 内蒙古科技与经济, 2019（17）: 5-8.

［175］张同斌, 王千, 刘敏. 中国高新园区集聚的空间特征与形成机理［J］. 科研管理, 2013（7）: 53-60.

［176］张巍, 刘婷, 唐茜, 等. 新城产城融合影响因素分析［J］. 建筑经济, 2018, 39（12）: 86-92.

［177］张文彤, 董伟. SPSS统计分析高级教程［M］. 第3版. 北京: 高等教育出版社, 2018.

［178］张协奎. 构建服务地方经济的科技创新体系提升区域创新能力: 广西大学在区域创新能力建设中的实践探索［J］. 中国高校科技与产业化, 2007（S1）: 125-129.

［179］张学波, 窦群, 赵金丽, 等. 职住空间关系研究的比较述评与展望［J］. 世界地理研究, 2017, 26（1）: 32-44.

［180］张学波, 宋金平, 陈丽娟, 等. 北京都市区就业空间分异与职住空间错位行业识别［J］. 人文地理, 2019, 34（3）: 83-90.

［181］赵倩. 旧金山湾大都市区1990—2010年职住空间结构演变研究［C］//规划60年: 成就与挑战——2016中国城市规划年会论文集（13区域规划与城市经济）, 2016: 1070-1084.

［182］赵炎, 徐悦蕾. 上海市张江高新区创新能力评价研究［J］. 科研管理, 2017, 38（S1）: 90-97.

［183］曾国屏, 刘宇濠. 创新集群视角对中关村、张江和深圳高新区的比较［J］. 科学与管理, 2012, 32（6）: 4-12.

［184］甄茂成, 党安荣, 许剑. 大数据在城市规划中的应用研究综述［J］. 地理信息世界, 2019, 26（1）: 6-12.

［185］郑国. 社会资本视角下的科技园区空间规划［J］. 地域研究与开发, 2013, 32（6）: 63-66.

［186］郑思齐, 徐杨菲, 张晓楠, 等. "职住平衡指数"的构建与空间差异性研究: 以北京市为例［J］. 清华大学学报（自然科学版）, 2015, 55（4）: 475-483.

［187］中共中央国务院. 国家新型城镇化规划（2014—2020年）［M］. 北京: 人民出版社, 2014.

［188］中国城市科学研究会智慧城市联合实验室. 2019年城市数字发展指数报告［R］. 北京, 2019.

［189］中华人民共和国工业和信息化部. 中国企业规模分类标准［S］. 2011.

［190］中华人民共和国教育部科学技术司. 高等学校科学技术统计资料编制［R］. 2019.

［191］中华人民共和国住房和城乡建设部. 城市公共设施规划规范: GB 50442—2008［S］. 北京: 中国建筑工业出版社, 2008.

［192］中华人民共和国住房和城乡建设部. 城市建设统计年鉴［R］. 北京: 中国统计出版社, 2018: 7-18.

［193］钟炜菁, 王德. 基于手机信令数据的空间活动动态特征研究: 以上海市张江高科技园区为例［C］//规划60年: 成就与挑战——2016中国城市规划年会论文集（04城市规划新技术应用）, 2016: 495-508.

［194］钟之阳, 蔡三发. 大学科技园创新生态系统融合发展模式研究: 硅谷、筑波科学城和清华科技园之比较［J］. 中国高等教育评论, 2017, 7（1）: 29-42.

［195］周晓光. 杭州城西科创大走廊高层次人才集聚的问题及对策［J］. 杭州学刊, 2018（3）: 91-101.

［196］朱娟, 钮心毅. 职住平衡、土地混合使用及其与通勤距离的关系: 基于南宁市移动手机信令数

据［J］. 现代城市研究, 2020（2）: 98-105.

［197］朱烈建, 陈侃侃, 张建波. 区域协同视角下的张江长三角科技城总体规划［J］. 规划师, 2014, 30（10）: 53-57.

［198］朱喜钢. 城市空间集中与分散论［M］. 北京: 中国建筑工业出版社, 2002.

［199］朱莹莹. 区域协同创新实践研究: 以张江长三角科技城为例［J］. 中共郑州市委党校学报, 2020（2）: 48-51.

［200］邹兵. "新城市主义"与美国社区设计的新动向［J］. 国外城市规划, 2000（2）: 36-38.

［201］邹亚华. 洗尽铅华 返本还原: 手机大数据在城市规划、交通分析与城市管理中的应用［J］. 江苏城市规划, 2016（12）: 25-32.

［202］ACS Z J, ANSELIN L, VARGA A. Patents and innovation counts as measures of regional production of new knowledge［J］. Research Policy, 2002, 31(7): 1069-1085.

［203］ALBERTO A, SALVADOR P, ANDRÉS B, et al. Technology parks versus science parks: Does the university make the difference?［J］. Technological Forecasting & Social Change, 2017, 116: 13-28.

［204］ALI R, SOLIS C, SALEHIE M, et al. Social sensing: When users become monitors［C］//Acm Sigsoft Symposium & the European Conference on Foundations of Software Engineering, 2011.

［205］BATTY M, GRAY S, HUDSON-SMITH A, et al. Visualising spatial and social media［J］. Ucl Centre for Advanced Spatial Analysis, 2013(May).

［206］BATTY M. Big data, smart cities and city planning［J］. Dialogues in Human Geography, 2013, 3(3): 274-279.

［207］BETTENCOURT L M A. The uses of big data in cities［J］. Big Data, 2013, 2(1): 12-22.

［208］BRAY P M. The New Urbanism: Celebrating the city［J］. Places A Quarterly Journal of Environmental Design, 1993, 8(4): 56-65.

［209］BRÜLHART M, MATHYS N A. Sectoral agglomeration economies in a panel of european regions［J］. Regional Science & Urban Economics, 2008, 38(4): 348-362.

［210］CASPER S. New-technology clusters and public policy: Three perspectives［J］. Social Science Information, 2013, 52(4): 628-652.

［211］CERVERO R. Jobs housing balancing and regional mobility［J］. Journal of the American Planning Association, 1989, 55(2): 136.

［212］CIEPŁUCH B, Mooney P, JACOB R, et al. Assessing the quality of open spatial data for mobile location-based services research and applications［J］. Archives of Photogrammetry, 2011, 22: 105-116.

［213］CLARK JR W W. Science parks: Theory and background［J］. International Journal of Technology Transfer and Commercialisation, 2003, 2(2): 150-178.

［214］CURIEN H. Actions to facilitate cooperation between industries, universities and other research organizations: Attitudes and experiences of governmental institutions［J］. Technovation, 1989, 9(2): 235-239.

［215］CYERT R M, GOODMAN P S. Creating effective university-industry alliances: An organizational learning perspective［J］. Organizational Dynamics, 2000, 9(1): 56-57.

［216］DANG A, XU J, TONG B, et al. Research progress of the application of big data in China's urban planning［J］. China City Planning Review, 2015, 24(1): 24-30.

［217］DAVIES D. Actions to strengthen university-industry cooperation［J］. Technology in Society, 1984, 5(3): 317-323.

［218］D'ESTE P, PATEL P. University-industry linkages in the UK: What are the factors underlying the variety of interactions with industry? [J]. Research Policy, 2007, 36(9): 1295-1313.

[219] ETZKOWITZ H, ZHOU C. Innovation incommensurability and the science park [J]. R&D Management, 2018, 48(1): 73-87.

[220] ETZKOWITZ H. Innovation in innovation: The triple helix of university-industry-government relations [J]. Social Science Information, 2003, 42(3): 293-337.

[221] EWING R, PENDALL R, CHEN D. Measuring sprawl and its impact [M]. Washington DC: Smart Growth America, 2004.

[222] FONTANA R, GEUNA A, MATT M. Factors affecting university-Industry R&D projects: The importance of searching, screening and signaling [J]. Research Policy, 2006, 35(2): 309-323.

[223] GARCIA R, ARAUJO V, MASCARINI S. The role of geographic proximity for university-industry linkages in Brazil: An emprical analysis [J]. Australasian Journal of Regional Studies, 2013, 19(3): 433-455.

[224] Gillmor C S. Fred Terman at Stanford: Building a discipline, a university, and Silicon Valley [J]. Physics Today, 2005, 58(10): 78-80.

[225] GRAUWIN S, SOBOLEVSKY S, MORITZ S, et al. Towards a comparative science of cities: using mobile traffic records in New York, London and Hong Kong [J]. Springer International Publishing, 2014(13): 363-387.

[226] GRAY D O. Government-sponsored industry-university cooperative research: An analysis of cooperative research center evaluation approaches [J]. Research Evaluation, 2000(1): 57-67.

[227] GU C, HU L, COOK I G. China's urbanization in 1949-2015: Processes and driving forces [J]. Chinese Geographical Science, 2017, 27(6): 847-859.

[228] HADDAD E A, BARUFI A M B. From rivers to roads: Spatial mismatch and inequality of opportunity in urban labormarkets of a megacity [J]. Habitat Int. 2017, 68: 3-14.

[229] HERVAS-OLIVER J L, ALBORS-GARRIGOS J. The role of the firm's internal and relational capabilities in clusters: When distance and embeddedness are not enough to explain innovation [J]. Journal of Economic Geography, 2009, 372(2): 263-283.

[230] HOLLENSTEIN M, JABAREEN M, RUBIN M B. Modeling a smooth elastic-inelastic transition with a strongly objective numerical integrator needing no iteration [J]. Computational Mechanics, 2013, 52(3): 649-667.

[231] HORNER M W, MARION B M. A spatial dissimilarity-based index of the jobs-housing balance: Conceptual framework and empirical tests [J]. Urban Studies, 2009, 46(3): 499-517.

[232] HOU B J, HONG J, SHI X. Efficiency of university-industry collaboration and its determinants: Evidence from Chinese leading universities [J]. Industry and Innovation, 2019, 28(4): 1-30.

[233] HOWARD E. Garden Cities of Tomorrow [M]. London: Swan Sonnenschein & Co. Ltd, 1902.

[234] HUANG W J, FERNÁNDEZ-MALDONADO A M. High-tech development and spatial planning: Comparing the Netherlands and Taiwan from an institutional perspective [J]. European Planning Studies, 2016, 24(9): 1662-1683.

[235] IASP(International Association of Science Parks and Areas of Innovation). The role of STPs and areas of innovation [EB/OL]. https://www.iasp.ws/our-industry/the-role-of-stps-and-areas-of-innovation.

[236] INZELT A. The evolution of university-industry-government relationships during transition [J]. Research Policy, 2004, 33(6-7): 975-995.

[237] JACOBS J. The Death and Life of Great American Cities [M]. New York: Vintage Books, 2012.

［238］JOHNSON M S, RAGAS W R. CBD land values and multiple externalities［J］. Land Economics, 2010, 21(3): 45.

［239］KATZ B, WAGNER J. The Rise of innovation districts: A new geography of innovation in America ［M］. Washington DC: Brookings Institution Press, 2014.

［240］KOSOVAC A, ACUTO M, JONES T L. Acknowledging urbanization: A survey of the role of cities in UN frameworks［J］. Global Policy, 2020, 11: 293−304.

［241］KREITZ D I M. Methods for collecting spatial data in household travel surveys［C］//5th International Conference on Transport Survey Quality and Innovation. Kruger Park, South Africa. 2001: 5−10.

［242］LALKAKA R, ABETTI P. Business incubation and enterprise support systems in restructuring countries ［J］. Criminal Behaviour & Mental Health, 2010, 8(3): 197−209.

［243］LANEY D. 3D data management: Controlling data volume, velocity, and variety［R］. Application Delivery Strategies, META Group, 2001.

［244］LECLUYSE L, KNOCKAERT M, SPITHOVEN A. The contribution of science parks: A literature review and future research agenda［J］. The Journal of Technology Transfer, 2019, 44(2): 559−595.

［245］LEVINE J. Rethinking accessibility and jobs−housing balance［J］. Journal of the American Planning Association, 1998, 64(2): 133.

［246］LI X, NORTH D. The role of technological business incubators in supporting business innovation in China: A case of regional adaptability?［J］. Entrepreneurship and Regional Development, 2018, 30(1− 2): 29−57.

［247］LI X. A review of the factors influencing the performance of university−enterprise cooperation innovation［J］. Open Journal of Business and Management, 2020, 8: 1281−1286.

［248］LI Y, ARORA S, YOUTIE J, et al. Using web mining to explore triple helix influences on growth in small and mid−size firms［J］. Technovation, 2018: 76−77.

［249］LINDELÖF P, LÖFSTEN H. Growth, management and financing of new technology−based firms− assessing value−added contributions of firms located on and off science parks［J］. Omega, 2002, 30(3): 143−154.

［250］LIU N, WANG J, SONG Y. Organization mechanisms and spatial characteristics of urban collaborative innovation networks: A case study in Hangzhou, China［J］. Sustainability, 2019, 11: 5988.

［251］LOOY V B, LANDONI P, CALLAERT J, et al. Entrepreneurial effectiveness of European universities: An empirical assessment of antecedents and trade−offs［J］. Research Policy, 2011, 40(4): 553−564.

［252］LOUF R, BARTHELEMY M. From mobility patterns to scaling in cities［J］. Scientific Reports, 2014, 4: 5561.

［253］LUNDVALL B A. National systems of innovation: Towards a theroy of innovation and Interactive Learning［M］. London: Pinter Publishers, 1992.

［254］MAIETTA O W. Determinants of university−firm R&D collaboration and its impact on innovation: A perspective from a low−tech industry［J］. Research Policy, 2015, 44(7): 1341−1359.

［255］MANYIKA J, CHUI M, BROWN B, et al. Big data: The next fronties for innovation, competition, and productivity［R］. Las Vegas: The Mc Kinsey Global Institute, 2011.

［256］MCCARTHY I P, SILVESTRE B, NORDENFLYCHT A V, et al. A typology of university research park strategies: What parks do and why it matters［J］. Journal of Engineering and Technology Management, 2018, 47: 110−122.

［257］MILLER J S. Feasibility of using jobs−housing balance in Virginia statewide planning［J］. Sustainable

Transportation, 2010: 1–78.

[258] MINGUILLO D, THELWALL M. Research excellence and university–industry collaboration in UK science parks [J]. Research Evaluation, 2015, 24(2): 181–196.

[259] MØNSTED M. Francois Perroux's theory of "Growth pole" and "Development" Pole: A critique [J]. Antipode, 1974, 6(2): 106–113.

[260] MUMFORD L. The urban prospect: Essays [M]. New York: Harcourt, Brace & World, 1968.

[261] OECD Group on the Science System. University research in transition [J]. Source OECD Education & Skills, 1999: 1998.

[262] OTTAVIANO G I P, PINELLI D. Market potential and productivity: Evidence from Finnish regions [J]. Regional Science & Urban Economics, 2006, 36(5): 636–657.

[263] PAPINSKI D, SCOTT D M, DOHERTY S T. Exploring the route choice decision–making process: A comparison of planned and observed routes obtained using person based GPS [J]. Transportation Research Part F: Traffic Psychology and Behaviour, 2009, 12(4): 347–358.

[264] POONJAN A, TANNER A N. The role of regional contextual factors for science and technology parks: A conceptual framework [J]. European Planning Studies, 2020, 28(2): 400–420.

[265] PORTER M E. The competitive advantage of nations [M]. London: The Macmillan Press Ltd., 1990.

[266] QIU B W, Li H W, TANG Z H, et al. How cropland losses shaped by unbalanced urbanization process? [J]. Land Use Policy, 2020, 96.

[267] RIGBY D L. Technological relatedness and knowledge space: Entry and exit of US cities from patent classes [J]. Regional Studies, 2015, 49(11): 1–16.

[268] SAARINEN E. The City: Its growth, its decay, its future [M]. New York: Reinhold Publishing Corporation, 1945.

[269] SALVADOR E. Are science parks and incubators good "brand names" for spin–offs? The case study of Turin [J]. The Journal of Technology Transfer. 2011, 36(2): 203–232.

[270] SARACH L. Analysis of cooperative relationship in industrial cluster [J]. Procedia–Social and Behavioral Sciences, 2015, 191: 250–254.

[271] STEWART G C. Fred Terman at Stanford: Building a discipline, a university, and Silicon Valley [J]. Physics Today, 2005, 58(10): 78–80.

[272] STRUYK R J, JAMES F J. Intrametropolitan Industrial Location: The Pattern and Process of Change [M]. Lexington, Mass: Lexington Books, 1975.

[273] SUNG H G, GO D H, CHOI C G. Evidence of Jacobs's street life in the great Seoul city: Identifying the association of physical environment with walking activity on streets [J]. Cities, 2013, 35: 164–173.

[274] TAJNAI C E. Fred Terman, the Father of Silicon Valley [J]. IEEE Design and Test of Computers, 2007, 2(2): 75–81.

[275] TARTARI V, BRESCHI S. Set them free: Scientists' evaluations of the benefits and costs of university–industry research collaboration [J]. Industrial and Corporate Change, 2012, 21(5): 1117–1147.

[276] TAYLOR G R. Satellite cities: A study of industrial suburbs [M]. New York: Arno Press: New York Times, 1970.

[277] TOFFLER A. The third wave [M]. NewYork: Bantam Books, Inc., 1984.

[278] WADDELL P. UrbanSim: Modeling urban development for land use, transportation, and environmental planning [J]. Journal of the American Planning Association, 2002, 68(3): 297–314.

[279] WOLD S, ALBANO C, DUNN W J I, et al. Pattern recognition: Finding and using regularities in multivariate data food research, how to relate sets of measurements or observations to each other [C] //

MARTENS H, RUSSWURM JR H. Food research and data analysis: proceedings from the IUFoST Symposium, September 20−23, 1982, Oslo, Norway: 147−188.

[280] WU Y, YANG Y, CHEN Q X, et al. The correlation between the jobs−housing relationship and the innovative development of sci−tech parks in new urban districts: A case study of the Hangzhou West Hi−Tech Corridor in China〔J〕. ISPRS International Journal of Geo−Information, 2020, 9(12): 762.

[281] WU Y, YANG Y, XU W S, et al. The influence of innovation resources in higher education institutions on the development of sci−tech parks' enterprises in the urban innovative districts at the stage of urbanization transformation〔J〕. Land, 2020, 9(10): 396.

[282] YAMI M, GAO C, GAO H. The science and technology parks(STPs)evaluation model approach to eco−innovation key indicator〔J〕. International Business Research, 2018, 11(11): 187.

[283] YAN M, CHEN K, HONG L, et al. Evaluating the collaborative ecosystem for an innovation−driven economy: A systems analysis and case study of science parks〔J〕. Sustainability, 2018, 10(3): 887.

[284] YIGITCANLAR T, ADU−MCVIE R, EROL I. How can contemporary innovation districts be classified? A systematic review of the literature〔J〕. Land Use Policy, 2020, 95.

[285] YUN S, LEE J. An innovation network analysis of science clusters in South Korea and Taiwan〔J〕. Asian Journal of Technology Innovation, 2013, 21(2): 277−289.

[286] YUS R, BOBED C, MENA E. A knowledge−based approach to enhance provision of location−based services in wireless environments〔J〕. IEEE Access, 2020, 8: 80030−80048.

[287] ZENOU Y. Spatial versus social mismatch〔J〕. Journal of Urban Economics, 2013, 74: 113−132.

[288] ZHANG K H. Urbanization and Industrial Development in China〔M〕. Springer Singapore, 2017, 9: 21−35.

[289] ZHAO M Y, CAI H Y, QIAO Z, et al. Influence of urban expansion on the urban heat island effect in Shanghai〔J〕. International Journal of Geographic Information Science, 2016, 30(12): 2421−2441.